普通高等教育"十三五"规划教材
高等院校计算机系列教材
空间信息技术实验系列教材

空间分析与建模实验教程

杨玉莲　编

华中科技大学出版社
中国·武汉

内 容 简 介

本书主要用于"空间分析"类课程的实践教学,旨在帮助学生提高对地理空间数据的分析与建模能力。全书共分 12 个实验,实验内容包括实验数据准备、探索性数据分析、空间关系的概化、分析模式、度量地理分布、聚类分布制图、空间插值、回归分析、地理加权回归(GWR)、空间回归分析、网络分析、空间分析。每一个实验都对相关实验的实验目的、知识要点进行了归纳,并给出了详细的实验步骤,逐步引导学习者掌握相关知识及操作。

本书可作为地理信息系统、测绘工程、地理科学、环境科学等相关专业学生的实验教材,同时也可供相关领域的科研人员、研究生参考。

图书在版编目(CIP)数据

空间分析与建模实验教程/杨玉莲编.—武汉:华中科技大学出版社,2018.8
普通高等教育"十三五"规划教材　高等院校计算机系列教材
ISBN 978-7-5680-3969-7

Ⅰ.①空…　Ⅱ.①杨…　Ⅲ.①地理信息系统-系统建模-实验-高等学校-教材　Ⅳ.①P208.2-33

中国版本图书馆 CIP 数据核字(2018)第 179635 号

空间分析与建模实验教程　　　　　　　　　　　　　　　　　　　杨玉莲　编
Kongjian Fenxi yu Jianmo Shiyan Jiaocheng

策划编辑：徐晓琦　李　露
责任编辑：李　露
封面设计：原色设计
责任校对：曾　婷
责任监印：赵　月

出版发行：华中科技大学出版社(中国·武汉)　　电话：(027)81321913
　　　　　武汉市东湖新技术开发区华工科技园　　邮编：430223
录　　排：武汉楚海文化传播有限公司
印　　刷：武汉华工鑫宏印务有限公司
开　　本：787mm×1092mm　1/16
印　　张：9
字　　数：209 千字
版　　次：2018 年 8 月第 1 版第 1 次印刷
定　　价：23.60 元

本书若有印装质量问题,请向出版社营销中心调换
全国免费服务热线：400-6679-118　　竭诚为您服务
版权所有　侵权必究

空间信息技术实验系列教材
编 委 会

顾 问 陈 新 徐 锐 匡 锦 陈广云

主 编 杨 昆

副主编 冯乔生 肖 飞

编 委 （按姓氏笔画排序）

丁海玲　王　敏　王加胜　冯　迅

朱彦辉　李　岑　李　晶　李　睿

李　臻　杨　扬　杨玉莲　张玉琢

陈玉华　罗　毅　孟　超　袁凌云

曾　瑞　解　敏　廖燕玲　熊　文

序

  21 世纪以来,云计算、物联网、大数据、移动互联网、地理空间信息技术等新一代信息技术逐渐形成和兴起,人类进入了大数据时代。同时,国家目前正在大力推进"互联网+"行动计划和智慧城市、海绵城市建设,信息产业在智慧城市、环境保护、海绵城市等诸多领域将迎来爆发式增长的需求。信息技术发展促进信息产业飞速发展,信息产业对人才的需求剧增。地方社会经济发展需要人才支撑,云南省"十三五"规划中明确指出,信息产业是云南省重点发展的八大产业之一。在大数据时代背景下,要满足地方经济发展需求,对信息技术类本科层次的应用型人才培养提出了新的要求,传统拥有单一专业技能的学生已不能很好地适应地方社会经济发展的需求,社会经济发展的人才需求将更倾向于融合新一代信息技术和行业领域知识的复合型创新人才。

  为此,云南师范大学信息学院围绕国家、云南省对信息技术人才的需求,从人才培养模式改革、师资队伍建设、实践教学建设、应用研究发展、发展机制转型 5 个方面构建了大数据时代下的信息学科。在这一背景下,信息学院组织学院骨干教师力量,编写了空间信息技术实验系列教材,为培养适应云南省信息产业乃至各行各业信息化建设需要的大数据人才提供教材支撑。

  该系列教材由云南师范大学信息学院教师编写,由杨昆负责总体设计,由冯乔生、肖飞、罗毅负责组织实施。系列教材的出版得到了云南省本科高校转型发展试点学院建设项目的资助。

前　言

随着地理信息科学技术的飞速发展,地理信息系统(Geographic Information System,GIS)广泛应用于测绘、环境监测、国防建设等领域。空间分析与建模是 GIS 的核心功能,是一门实践性很强的课程,其知识的掌握与综合能力的培养很大程度上依赖学习者的上机实践和课后的练习与复习。为此,作者在参阅了国内外相关教材和专著的基础上,结合作者本人的教学与科研经验,编写了本书。

本书主要的实验平台为 ArcGIS Desktop 10.x 和 GeoDa 软件,本书主要内容包括:实验数据准备、探索性数据分析、空间关系的概化、分析模式、度量地理分布、聚类分布制图、空间插值、回归分析、地理加权回归(GWR)、空间回归分析、网络分析、空间分析。每一个实验都提炼了实验目的、知识要点等,每一个实验又包含多个问题和练习。本书逻辑清晰、内容丰富,旨在通过问题及练习引导学生思考及帮助学生快速掌握软件及实验原理。

由于作者水平有限,书中难免存在不妥之处,敬请读者批评指正。

编　者

2018 年 2 月

目 录

实验一　实验数据准备 ……………………………………………………………… (1)
 一、实验目的 …………………………………………………………………………… (1)
 二、实验准备 …………………………………………………………………………… (1)
 三、实验步骤及方法 …………………………………………………………………… (2)
 四、实验报告要求 ……………………………………………………………………… (5)

实验二　探索性数据分析 ……………………………………………………………… (6)
 一、实验目的 …………………………………………………………………………… (6)
 二、实验准备 …………………………………………………………………………… (6)
 三、实验步骤及方法 …………………………………………………………………… (6)
 四、实验报告要求 ……………………………………………………………………… (16)

实验三　空间关系的概化 ……………………………………………………………… (17)
 一、实验目的 …………………………………………………………………………… (17)
 二、实验准备 …………………………………………………………………………… (17)
 三、实验步骤及方法 …………………………………………………………………… (18)
 四、实验报告要求 ……………………………………………………………………… (27)

实验四　分析模式 ……………………………………………………………………… (29)
 一、实验目的 …………………………………………………………………………… (29)
 二、实验准备 …………………………………………………………………………… (29)
 三、实验步骤及方法 …………………………………………………………………… (31)
 四、实验报告要求 ……………………………………………………………………… (35)

实验五　度量地理分布 ………………………………………………………………… (36)
 一、实验目的 …………………………………………………………………………… (36)
 二、实验准备 …………………………………………………………………………… (36)
 三、实验步骤及方法 …………………………………………………………………… (37)
 四、实验报告要求 ……………………………………………………………………… (43)

实验六　聚类分布制图 ………………………………………………………………… (44)
 一、实验目的 …………………………………………………………………………… (44)
 二、实验准备 …………………………………………………………………………… (44)
 三、实验步骤及方法 …………………………………………………………………… (45)

四、实验报告要求 …………………………………………………………………… (46)
实验七　空间插值 …………………………………………………………………… (47)
　　一、实验目的 ………………………………………………………………………… (47)
　　二、实验准备 ………………………………………………………………………… (47)
　　三、实验内容及步骤 ………………………………………………………………… (48)
　　四、实验报告要求 …………………………………………………………………… (66)
实验八　回归分析 …………………………………………………………………… (67)
　　一、实验目的 ………………………………………………………………………… (67)
　　二、实验准备 ………………………………………………………………………… (67)
　　三、实验内容及步骤 ………………………………………………………………… (67)
　　四、实验报告要求 …………………………………………………………………… (71)
实验九　地理加权回归(GWR) ……………………………………………………… (72)
　　一、实验目的 ………………………………………………………………………… (72)
　　二、实验准备 ………………………………………………………………………… (72)
　　三、实验内容及步骤 ………………………………………………………………… (73)
　　四、实验报告要求 …………………………………………………………………… (77)
实验十　空间回归分析 ……………………………………………………………… (78)
　　一、实验目的 ………………………………………………………………………… (78)
　　二、实验准备 ………………………………………………………………………… (78)
　　三、实验内容及步骤 ………………………………………………………………… (79)
　　四、实验报告要求 …………………………………………………………………… (89)
实验十一　网络分析 ………………………………………………………………… (90)
　　一、实验目的 ………………………………………………………………………… (90)
　　二、实验准备 ………………………………………………………………………… (90)
　　三、实验内容及步骤 ………………………………………………………………… (91)
　　四、实验报告要求 …………………………………………………………………… (118)
实验十二　空间分析 ………………………………………………………………… (119)
　　一、实验目的 ………………………………………………………………………… (119)
　　二、实验准备 ………………………………………………………………………… (119)
　　三、实验方法及步骤 ………………………………………………………………… (120)
　　四、实验报告要求 …………………………………………………………………… (134)

实验一　实验数据准备

一、实验目的

(1)掌握 ArcGIS 中将 Excel 数据转为点要素的方法。
(2)掌握 ArcGIS 中坐标系统的定义。
(3)掌握 ArcGIS 中将属性数据合并的方法。
(4)掌握 ArcGIS 中的矢量数据裁剪方法。
(5)为本书的后续实验进行数据准备。

二、实验准备

1. 软件准备

确保计算机已正确安装了 ArcGIS Desktop 10.x 软件。

2. 数据准备

中国省级行政区.shp、Area.shp、站点经纬度(站点列表-2017.12.01 起.xls)、监测站点值文件 value.xls(见表 1.1)。

表 1.1　站点属性表

value.xls 字段含义		站点经纬度	Area.shp
Stations	站点编号	监测点编码	感兴趣的区域行政边界
AQI_1、AQI_2、AQI_3	2017 年 12 月 1 日~3 日的空气质量指数	监测点名称 城市 经度 纬度	
PM10_1、PM10_2、PM10_3	2017 年 12 月 1 日~3 日的可吸入颗粒物		
SO2_1、SO2_2、SO2_3	2017 年 12 月 1 日~3 日的二氧化硫值		

其中,Stations 的值与监测点编码值相同且唯一。

3. 预备知识

在实际应用中,空间位置数据多采用 GPS 系统来获取,文件类型一般为.txt 文本文件或者.xls 文件。这些类型的文件需要进行转换才能成为.shp 文件,以点图层进行可视化显示。GPS 系统获取的文件是地理坐标(经纬度),但是我们往往要把这些地理坐标与已存在的具有某个椭球和投影的矢量或栅格数据匹配,如叠加到行政区上。这时就需要进行坐标系统重定义。一般情况下,位置坐标数据与属性数据是分开采集的,为了更好地对数据进行空间和属性分析,我们需要把二者合并。

三、实验步骤及方法

1. Excel 数据转为点要素

启动 ArcMap，点击 ArcToolbox，依次选择 ArcToolbox、Environment Settings、Workspace。将 Workspace 的当前工作空间设置为实验一的存放目录（如 F:\实验一），点击"OK"按钮。

依次点击 ArcMap 里的 File、Add Data、Add XY Data。在弹出的对话框中，进行参数设置。数据选择实验一文件夹里的文件：站点列表-2017.12.01起.xls，选择Sheet1＄，如图1.1 所示，其中 X Field 选择经度，Y Field 选择纬度，Z Field 值默认为 None。参数设置完后点击"OK"按钮，在 ArcMap 中会加载名为 Sheet1＄Events 的点图层。但此时点图层并没有保存，只是用 Sheet1＄数据进行了显示。

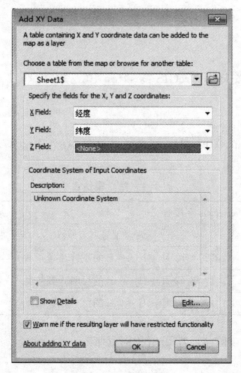

图 1.1　数据加载

为了将点图层保存下来，依次点击 Sheet1＄Events、Data、Export Data，Output Features（输出要素）为：站点坐标，点击"OK"按钮。

依次点击站点坐标、Open Attribute Table，再右击字段名经度，选择 Sort Ascending。如图 1.2 所示，此时表格按经度进行升序排列，可看出表格中部分记录的经度和纬度的值为 0，选中这些记录（共 14 条）。这 14 条记录在点图层中没有对应的点。

打开 Editor，点击 Start Editing，选择站点坐标后点击"OK"按钮。将表格中选中的

14 条记录删除,然后依次点击 Editor、Stop Editing、"Yes"按钮。

监测点编码	监测点名称	城市	经度	纬度	Shape
1028A	化工学校	石家庄	<Null>	<Null>	Point
1202A	环境监测站	镇江	<Null>	<Null>	Point
1238A	市政管理站	宁波	<Null>	<Null>	Point
1254A	监测站	嘉兴	<Null>	<Null>	Point
1347A	天河职幼	广州	<Null>	<Null>	Point
1777A	农科院	吉林	<Null>	<Null>	Point
1946A	酒钢附材公司	嘉峪关	<Null>	<Null>	Point
2172A	榆次液压件厂	晋中	<Null>	<Null>	Point
2177A	运城学院	运城	<Null>	<Null>	Point
2184A	豆制品厂	吕梁	<Null>	<Null>	Point
2302A	市委党校	阜阳	<Null>	<Null>	Point
2592A	马坡井小学	黔东南	<Null>	<Null>	Point
2666A	市林业局	陇南	<Null>	<Null>	Point
3019A	西沙	三沙	<Null>	<Null>	Point
2700A	市环境监测站	喀什地	75.9435	39.4365	Point
2699A	吾办	喀什地	75.9771	39.4699	Point
2698A	巡警大队	喀什地	75.9828	39.5371	Point
2697A	市人民政府	克州	76.1861	39.7153	Point
2702A	古江巴格乡院	和田地	79.9117	37.1013	Point
2701A	地区站	和田地	79.9485	37.1152	Point
2631A	阿里地委	阿里地	80.0895	32.5039	Point
2630A	阿里监测站	阿里地	80.1161	32.5	Point

图 1.2 按经度字段升序排列的属性表

2. 定义坐标系统

右击站点坐标,依次选择 Properties、Source,可以看到 Coordinate System 是未定义的。关闭 ArcMap。

重新打开 ArcMap,加载站点坐标数据,依次点击 ArcToolbox、Data Management Tools、Projections and Transformations、Define Projection,输入要素为:站点坐标,再点击 Coordinate System、Spatial Reference Properties、Import,选择数据文件夹里的"中国省级行政区.shp",点击"确定"按钮,如图 1.3 所示。设置完毕后,关闭 ArcMap。

重新打开 ArcMap,依次点击 ArcToolbox、Data Management Tools、Projections and Transformations、Project,输入要素为:站点坐标,输出要素为:站点坐标.prj,再点击 Output Coordinate System、Spatial Reference Properties、Import,选择数据文件夹里的"中国省级行政区.shp",点击"确定"按钮。加载 bou2_4p 和 bou2_4l 到 ArcMap 中,几个图层叠在了一起。(注:在将.txt 或.xls 格式的坐标文件导入 ArcGIS 转换成矢量数据时,首先要确定地理坐标用的是哪个类型的椭球和哪种投影坐标。进行投影转换一定要分两步进行,不能在 Define Projection 中直接将投影定义为投影坐标,否则会造成图层不能重叠。)

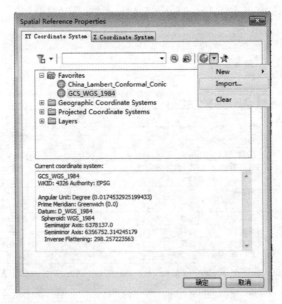

图 1.3 坐标定义

3. 属性关联

打开站点坐标.prj 图层的属性表,可以看到属性表里有监测站点编号、名称、所属城市、经纬度,但是没有监测站点值。加载实验一文件夹下的"value.xls"文件,里面存储了监测站点的 AQI、PM10、SO2 值及 Stations。Stations 与站点坐标.prj 属性表的监测站点编号的值在各自的表里是唯一的。

依次点击图层站点坐标.prj、Joins and Relates、Join。在弹出的 Join Data 对话框中进行如下参数设置:在"What do you want to join to this layer?"下拉菜单中选择"Join attributes from a table",选择进行合并的字段名为监测点,所选择的表格数据为 value.xls,然后点击 Sheet1 $,在第三个下拉列表中选择 Stations。点击"OK"按钮,进行表格合并。打开属性表可以看到两张表已经链接,但实际上这是通过 OLE 关联,并不是真正的合并。依次点击图层站点坐标.prj、Data、Export Data,输出要素为站点坐标 1。打开站点坐标 1 的属性表,此时两个表的属性都有了。对 AQI_1 进行升序排列,将值为 0 的记录删除。部分结果如图 1.4 所示。

问题 1:值 AQI_1 为零的记录有多少条?是什么原因导致的?

问题 2:请回答站点坐标、站点坐标.prj、站点坐标 1 这三个图层的区别与联系。

为了便于后面的分析,我们提取感兴趣的区域的站点。依次选择 ArcToolbox、Analysis Tools、Clip,做如下设置:Input Features 为站点坐标 1,Clip Features 为 Area,Output Features 为站点 Area。在 ArcMap 中关掉其他图层,只留下 Area 和站点 Area 图层,结果如图 1.5 所示。

AQI_1	AQI_2	AQI_3	PM10_1	PM10_2	PM10_3
107.25	215.333333	82.208333	117.75	214.791667	98.1875
98.958333	165.291667	80.625	117.625	174.875	86.1
64.291667	152.666667	53.875	71.391304	136.625	50.478261
108.541667	234.166667	179.5	120.625	234.333333	197.470588
100.958333	186.111111	173.25	95.291667	192.294118	139.777778
95.458333	210.25	170.791667	100.583333	210.666667	179.705882
88.041667	223	167.666667	98.833333	216.541667	195.722222
82.304348	207.541667	156.782609	82.681818	178.619048	130.625
114.208333	250.75	179.833333	107.833333	224.166667	179.25
160.791667	230.409091	282.052632	201.041667	283.789474	374.285714
100.833333	79.25	113.625	110.375	96.208333	133.681818
84.916667	195.25	150.666667	103.625	222.75	173.73913
85.625	213.125	167.1	102.25	227.375	182.55
94.083333	213.166667	159.958333	123	250.833333	203.5
66.875	187.5	78.541667	82.636364	194.833333	81.75
68.125	189.083333	76.166667	91.181818	210.208333	85.434783
174.291667	281.416667	169.583333	187.958333	298.791667	182.625
162.458333	261.208333	161.583333	198.5	317.291667	201.833333
173.666667	287.875	170.416667	199.375	314.833333	194.166667
64.25	75.666667	42.041667	79.333333	100.416667	44.666667
60.608696	77.652174	47.833333	68.954545	97.875	44.772727
87.833333	235.291667	203.833333	109.833333	270.416667	238.458333
153.875	242.958333	271.208333	187.041667	287.173913	296.416667
115.875	172.791667	100.333333	170	240.083333	134.125
98.875	92.916667	36.652174	133.5	130.958333	38.391304
55.291667	123.958333	60.208333	57.208333	146.083333	61.125
69.833333	155.083333	63.166667	80.708333	191.916667	59.913043
72.166667	133.333333	66.916667	81.791667	142.083333	71.26087
70.130435	129.708333	53.695652	87.652174	169.541667	59.391304

图 1.4 属性 Join 的操作结果

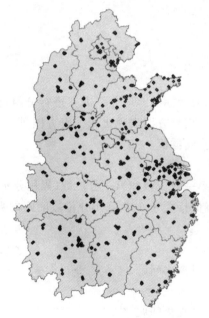

图 1.5 裁剪结果图

四、实验报告要求

(1) 完成实验报告,包括实验原理、过程和结果。
(2) 回答实验中提出的问题。

实验二 探索性数据分析

一、实验目的

(1)了解探索性数据分析(EDA)的基本原理。
(2)掌握 GeoDa 软件中常用的探索性数据分析方法。

二、实验准备

1. 软件准备

确保计算机已正确安装了 GeoDa 软件。

2. 数据准备

Area.shp。

3. 预备知识

1)直方图
把采样数据按照等间隔或者标准差等分级方案进行分组,然后计算各分组内的个数或其占总样本数的百分比,再用直方图表现出来。直方图可直观反映采样数据的分布特征和总体规律,并可用于寻找离群值。

2)箱图
箱图显示分布的中值、第一分位数和第三分位数(累积分布中的 50%、25% 和 70% 分位点),也显示离群值。离群值指大于 1.5 倍四分位数间距的数值,标准乘数为 1.5 和 3 倍分位距。

3)散点图
解决两个变量相关性的可视化问题。

4)散点图矩阵
解决多变量之间联系的可视化问题。

三、实验步骤及方法

1. 启动 GeoDa

双击桌面图标或者依次选择开始、所有程序、GeoDa Software、GeoDa、Connect to Data Source,点击 Input File 右边的文件夹,选择 ESRI Shapefile,打开 Ex2 文件夹的

Area.shp。打开后如图 2.1 所示。

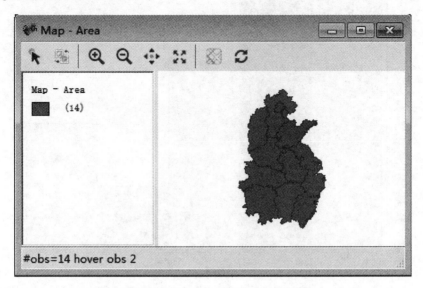

图 2.1　在 GeoDa 中显示的 Area 图

2. 链接直方图

(1)执行菜单命令。依次选择 Explore、Histogram、Variable Settings、GDP_2000。生成一个默认的直方图,如图 2.2 所示,将 14 个数据分为 7 组。

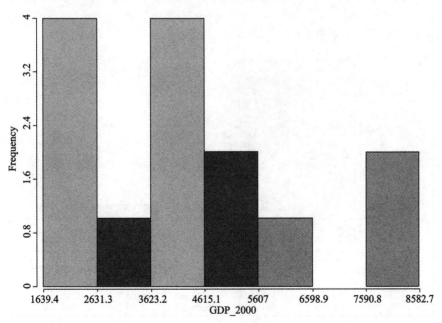

图 2.2　GDP_2000 直方图

右击图中的条块可对分组进行重新设置,本实验中我们将分组重新设置为 5,得到的直方图如图 2.3 所示。

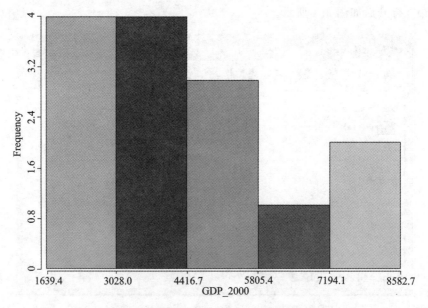

图 2.3 重新分组后的 GDP_2000 直方图

（2）显示数据的描述性统计。右击图中的条块，依次选择 View、Display Statistics，此时每一分组数据及所有数据的统计量描述会出现在直方图下面，如图 2.4 所示。from、to 分别表示每一组的起点值和终点值，♯obs 表示每一组的数据个数，％ of total 表示该组数据个数占总数的百分比，sd from mean 为每一组的标准差，最后一行是数据总体的描述性特征。

问题 1：根据图 2.4 给出 GDP_2000 的描述性统计。

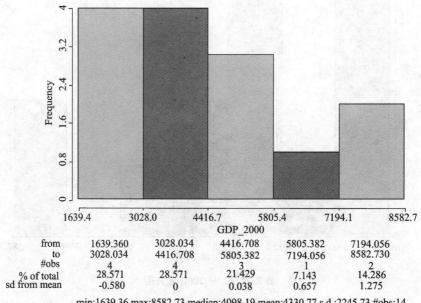

from	1639.360	3028.034	4416.708	5805.382	7194.056
to	3028.034	4416.708	5805.382	7194.056	8582.730
#obs	4	4	3	1	2
% of total	28.571	28.571	21.429	7.143	14.286
sd from mean	−0.580	0	0.038	0.657	1.275

min:1639.36,max:8582.73,median:4098.19,mean:4330.77,s.d.:2245.73,#obs:14

图 2.4 GDP_2000 的直方图统计性描述

（3）直方图和地图链接。如图 2.5 所示，在直方图上选择条块，则地图上相应的图形会处于高亮显示，其他部分处于透明状态。同样，在地图上选择图形时，在直方图上也会有相应的高亮显示。

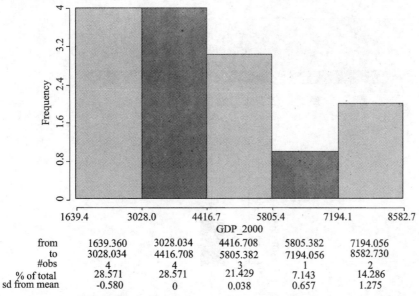

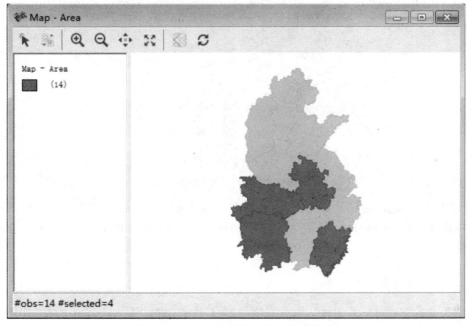

图 2.5 直方图和地图链接的高亮显示

3. 链接箱图

依次点击 Explore、Box Plot，或者选择工具条上的 Box Plot 图标，如图 2.6 所示。再依次点击 Variable Settings、GDP_2000，如图 2.7 所示，右击箱图，依次选择 View、

Display Statistics,得到如图 2.8 所示界面。

问题 2:解释 GDP_2000 的箱图上的描述性统计。

问题 3:右击箱图,依次选择 Hinge、3.0,将新生成的箱图与前面的箱图进行对比分析。

图 2.6　工具条上的 Box Plot 图标

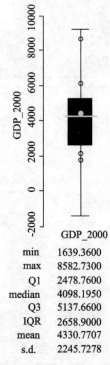

图 2.7　GDP_2000 箱图

此时箱图和地图链接。如图 2.8 所示,在箱图上选择某一区域,则地图上相应的图形会处于高亮显示,其他部分处于透明状态。同样,在地图上选择图形,在箱图上也会有相应的高亮显示。

4. 链接散点图

依次点击 Explore、Scatter Plot,或者选择工具条上的 Scatter Plot 图标,如图 2.9 所示。

在 Scatter Plot Variables 对话框中,设置 x 变量为 GDP_1999,y 变量为 GDP_2000,得到散点图如图 2.10 所示。通过散点的线为最小二乘回归曲线,R^2 为拟合系数,const a 为截距,std-err 为标准误差,t-stat 和 p-value 为 t 统计量和 p 值(如果 p 小于 0.05,则表示通过显著性检验),slope b 为斜率。

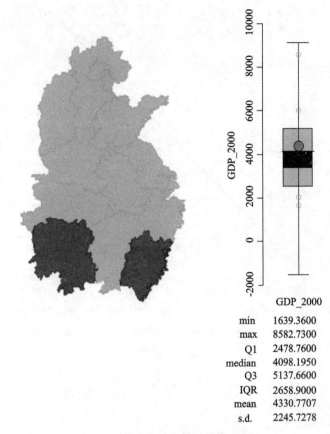

图 2.8　箱图和地图链接的高亮显示

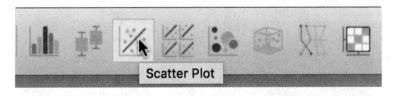

图 2.9　工具条上的 Scatter Plot 图标

问题 4：根据图 2.10 给出 GDP_1999 与 GDP_2000 的数学表达式，说出两个变量是正相关还是负相关，以及截距和斜率是否通过了显著性检验。

此时散点图和地图链接。如图 2.11 所示，在散点图上选择数据点，则地图上相应的图形会处于高亮显示，其他部分处于透明状态。同样，在地图上选择图形，在散点图上也会有相应的高亮显示。这里要注意，散点图上多了一条根据所选择的点拟合的红色直线。

5. 散点图矩阵

依次点击 Explore、Scatter Plot Matrix，在弹出的对话框中选择变量 GDP_2000、Illitera_4、Pop_Female。现在可以通过仔细检查两两变量的斜率、选择兴趣点、刷新散点图来探索多变量间的联系。

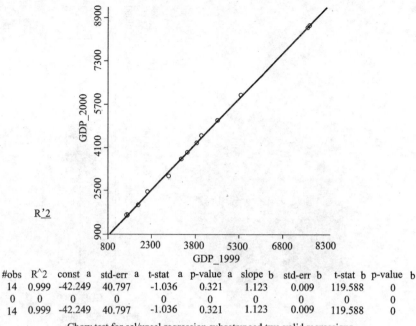

图 2.10　散点图

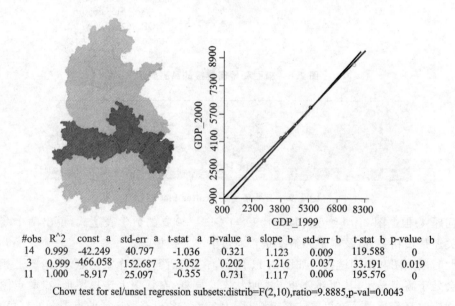

图 2.11　散点图与地图链接的高亮显示

6. 探索性数据分析

依次点击菜单栏上的 Time、Time Editor，或者选择工具条上的 Time 图标，如图 2.13 所示。

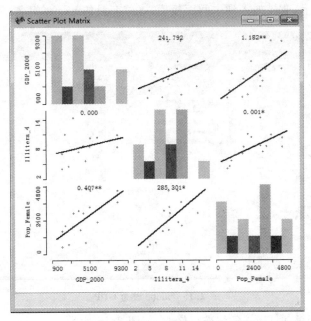

图 2.12　GDP_2000、Illitera_4、Pop_Female 多变量探索图

图 2.13　工具条上的 Time 图标

如图 2.14 所示，在弹出的 Time Editor 对话框中，选择变量，在名为 Ungrouped Variables 的面板中同时选中 GDP_1994、GDP_1997、GDP_1998、GDP_1999、GDP_2000，将他们加入到中间的面板中。

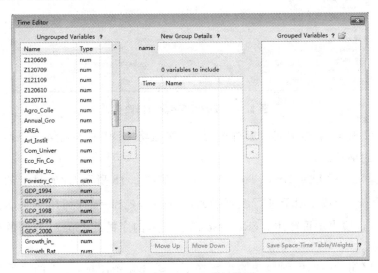

图 2.14　GDP 时序变量

如图 2.15 所示,变量加入到中间面板后,这些变量的 name(组名)就会改为 GDP。

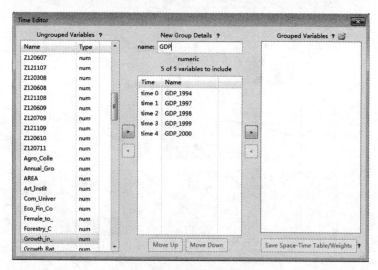

图 2.15　name 改为 GDP

点击每一个变量的 Time 名称进行修改,如图 2.16 所示。

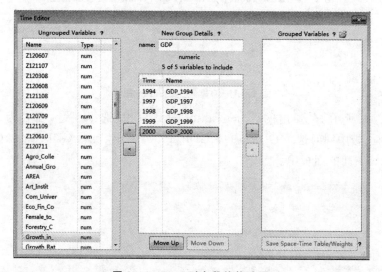

图 2.16　Time 列字段值修改图

如图 2.17 所示,点击中间面板右边的 > 按钮将 GDP 加入到第三个面板中。关闭 Time Editor 对话框。

依次选择菜单栏上的 Time、Time Player。如图 2.18 所示,此时显示的当前时间为 1994 年,单箭头 > 按钮用于进行逐年播放,双箭头 >> 和 << 按钮用于手动控制向前向后播放,Loop 选项表示重复播放,Reverse 选项表示倒序播放,Speed 右侧的按钮可用于控制播放速度。

显示 GDP 组的时间序列箱图的步骤如下。选择箱图图标,弹出的对话框中有一个 Time 列表框,里面显示的是每个变量的 Time 名称。点击对话框上的"OK"按钮,此时每

实验二 探索性数据分析

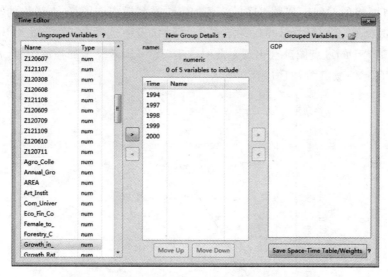

图 2.17 将 GDP 组加入 Grouped Variables 面板中

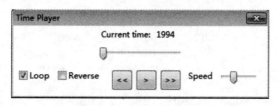

图 2.18 Time Player 界面

一年的箱图都会同时出现,右击箱图,选择 Number of Box Plots,并将值修改为 1,此时点击 Time Player 上的播放按钮,就会按时间顺序显示每年的箱图,如图 2.19 所示。

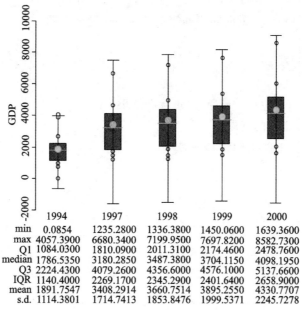

图 2.19 GDP 组的时间序列箱图

显示 GDP 组的时间序列散点图的步骤如下。选择散点图图标,在弹出的对话框的第一个 Time 时间列表中选择 1994,在第二个时间列表中选择 1997,点击"OK"按钮,则 1994 年和 1997 年的散点图就会出现。此时点击 Time Player 上的播放按钮,就会按时间顺序显示每两年的散点图,如图 2.20 所示。

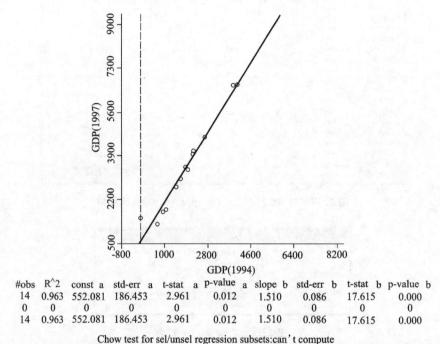

图 2.20 GDP 组的时间序列散点图

练习 1:请对字段 Illitera、Illitera_1、Illitera_2、Illitera_3、Illitera_4 建立时间组 Illitera_0,并给出 Illitera_0 的时间序列箱图及时间序列散点图。

四、实验报告要求

(1)完成实验报告,包括实验原理、过程和结果。
(2)回答实验中提出的问题。
(3)完成练习 1,并通过 PPT 展示结果。

实验三　空间关系的概化

一、实验目的

(1)理解空间关系概化。
(2)掌握 ArcGIS 空间关系概化的方法。
(3)能对空间关系进行可视化。

二、实验准备

1. 软件准备

确保计算机已正确安装了 ArcGIS Desktop 10.x、GeoDa 软件。

2. 数据准备

站点坐标 1.shp、Area.shp。

3. 预备知识

点有分离和重合两种关系,但没有邻接关系。面的关系相对比较复杂,包括相交、相切、包含、分离等。邻接关系应用比较广泛。

1) ArcGIS 空间关系概化

使用距离来对空间概念进行描述的方式称为空间关系概化,ArcGIS 支持的空间关系概化比较多,包括反距离、距离范围、无差别区域和面邻接、k 最近相邻要素、Delaunay 三角测量、空间时间窗。

2) GeoDa 软件空间权重矩阵类型

(1)基于邻接关系的空间权重。

①CONTIGUITY_EDGES_ONLY(有时称为 Rook's Case):只有边相交的,才算邻接。

②CONTIGUITY_EDGES_CORNERS(有时称为 Queen's Case):只要有边或者角相邻的,都算邻接。其值的定义为:

$$W_{ij} = \begin{cases} 1, \text{当区域 } i \text{ 和区域 } j \text{ 相邻} \\ 0, \text{当区域 } i \text{ 和区域 } j \text{ 不相邻} \end{cases}$$

(2)基于距离的空间权重。

①有投影坐标的为欧几里得距离。
②球面坐标的为弧度距离。
③K 最近相邻要素。

三、实验步骤及方法

1. ArcGIS 空间权重

1) 点数据的空间权重

打开 ArcMap,加载 Ex3 文件夹里的站点坐标 1.shp 数据,激活空间分析模块,点击菜单栏里的 Customized,选择 Extensions,将 Spatial Analyst 前的复选框打勾,再依次点击 ArcToolbox、Spatial Statistics Tools、Modeling Spatial Relationships、Generate Spatial Weights Matrix。

在弹出的空间权重对话框中进行参数设置。输入要素为站点坐标 1,唯一值为 OBJECTID,将输出空间权重保存在 Ex3 文件夹下,命名为站点.swm,用反距离方法求空间权重矩阵。运行完成后,输出结果如图 3.1 所示。警告文字说明,没有设置搜索距离,因而使用了软件默认的距离 269576.3335 m。警告文字下面给出了空间权重矩阵的相关信息:总共要素为 1480,在距离为 269576.3335 m 的条件下,空间连通度为 5.04,平均临接个数为 74.55,最小邻接个数为 1,最大邻接个数为 175。如果改变搜索距离,则以上参数的结果可能会发生变化。

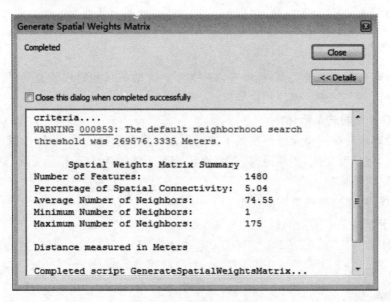

图 3.1　点数据的空间权重

接下来将 .swm 文件转换为表格。ArcGIS 里不能直接查看 .swm 格式的文件,为查看站点.swm 文件中的内容,须对文件进行类型转换。依次点击 Spatial Statistics Tools、Utilities、Convert Spatial Weights Matrix to Table,输入空间权重为站点.swm,输出结果保存在 Ex3 文件中,命名为站点.dbf。设置完成后,点击"OK"按钮,运行完成后,站点.dbf 表会被加载到 ArcMap 中。输出结果表格如图 3.2 所示。OBJECTID 为每个点的编号,NID 代表连接点的 OBJECTID 号,WEIGHT 代表权重值。

OID	Field1	OBJECTID	NID	WEIGHT
98333	0	1	4	.143067
98334	0	1	6	.100495
98335	0	1	3	.075861
98336	0	1	12	.060845
98337	0	1	7	.057299
98338	0	1	5	.056934
98339	0	1	11	.054279
98340	0	1	10	.021992
98341	0	1	8	.019505
98342	0	1	1415	.018286

图 3.2 将.swm 文件转换为表格

问题 1:站点.dbf 表格中有多少条记录?与 OBJECTID 2 连接的点有哪些,权重分别为多少?

2)空间关系可视化

在 ArcMap 的 Table Of Contents 中右击站点坐标图层,依次选择 Data、Export Data,保存并命名为站点 NID。在站点.dbf 表格上右击,选择 Joins and Relates、Join,如图 3.3 所示,选择关联图层为站点坐标 1,关联字段为 OBJECTID。

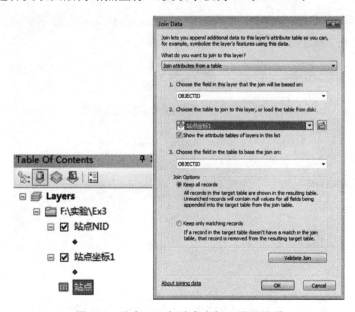

图 3.3 站点.dbf 与站点坐标 1 图层关联

问题 2:用站点坐标 1 图层和站点.dbf 表格关联得到的效果,与用站点.dbf 表格和站点坐标 1 图层关联得到的效果一样么?如果不一样,请说明。

对站点.dbf 表格再次选择 Join,此次要关联的字段是 NID,以获得 NID 的坐标。关联的图层为站点 NID,参数设置如图 3.4 所示。

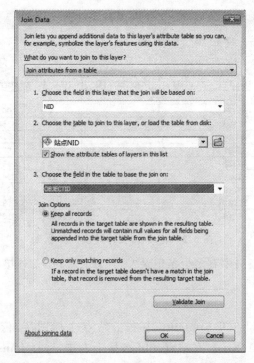

图 3.4　站点.dbf 表格与 NID 字段关联

关联完成后,打开站点.dbf 的 Table Properties,选择 Fields 选项卡,把多余字段的勾去掉,完成后点击"确定"按钮,如图 3.5 所示。

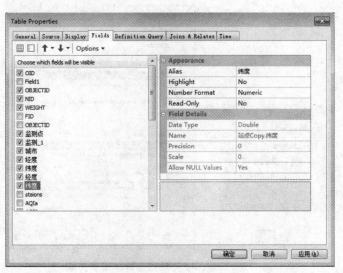

图 3.5　去除多余字段

右击站点.dbf,依次点击 Data、Export Data,命名为 Export_Output,再依次选择 ArcToolbox、Data Management Tools、Features、XY To Line,在弹出的对话框中进行如图 3.6 所示的参数设置。

点击"OK"按钮,生成连线,可视化完成。接下来提取感兴趣的区域。加载 Area.

实验三 空间关系的概化

图 3.6 XY To Line 参数设置

shp,右击,依次选择 Layers、Properties、Data Frame、Clip Options:Clip to Shape、Specify Shape、Outline of Features:Area,结果如图 3.7 所示。从图中可以看到,一些点没有连线,但是当把图放大后,可看到每个点都有连线。

图 3.7 空间权重关系可视化

练习 1:对站点坐标 1 图层计算空间关系为 K 邻近时的空间权重矩阵,并对该空间关系矩阵进行可视化。

2. GeoDa 空间权重

1）基于邻接关系的空间权重

加载站点坐标 1.shp 数据，如图 3.8 所示，右击点图层，选择 Thiessen Polygons、Display Thiessen Polygons。

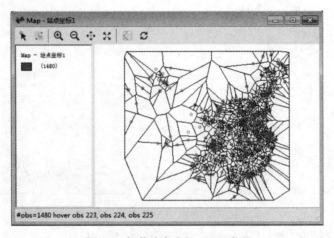

图 3.8　加载站点坐标 1.shp 数据

右击点图层，选择 Thiessen Polygons、Save Thiessen Polygons，命名为 Thiessen.shp。点击工具条上的 Close 图标，然后加载 Thiessen.shp 文件。

2）基于 Rook 的邻近权重

从菜单中选择 Tools，点击 Weights Manager、Create，在弹出的对话框中，指定相关的选项。关键字变量为 OBJECTID，对于 Rook 邻近权重，只需选择 Rook contiguity 旁边的单选按钮。如图 3.9 所示，点击"Create"按钮开始创建权重，将其保存为 Thiessen_R.gal 文件。

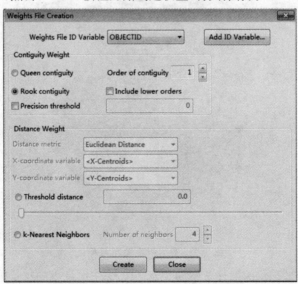

图 3.9　Rook 邻近权重参数设置

执行完毕后,权重文件会出现在 Weights Manager 对话框中,如图 3.10 所示。

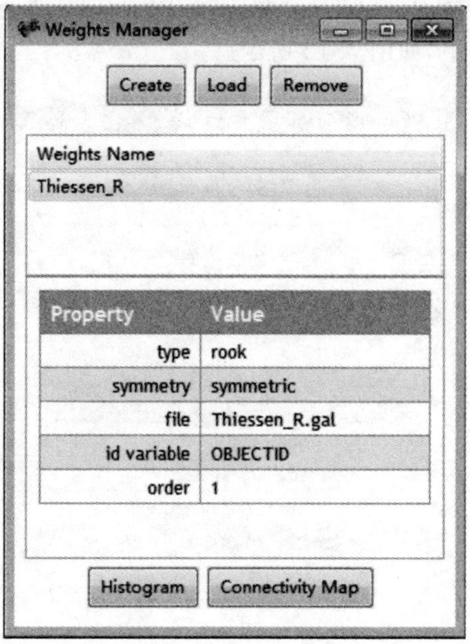

图 3.10 Rook 邻近权重文件在 Weights Manager 对话框中的显示

将 Thiessen_R.gal 文件用记事本打开,即可对里面的内容进行编辑,如图 3.11 所示。第一行为头文件,包括 0(将来要使用的标志)、观测点数目(1480 个)、邻接结构来源的多边形文件名(Thiessen)和关键字变量名(OBJECTID)。后面内容显示了每个多边形的 OBJECTID,及它们的邻居个数,例如:与 OBJECTID 为 1 相邻的多边形有 6 个,这 6 个多边形存储在第三行里(4,6,12,44,58,1415)。

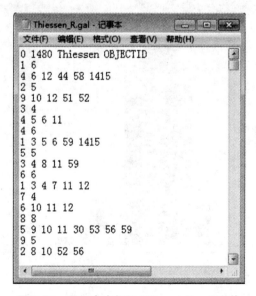

图 3.11 用记事本打开 Thiessen_R.gal 文件

对于 Queen 邻近权重,则选择 Queen contiguity 旁边的单选按钮。点击"Create"按钮开始创建权重,将其保存为 Thiessen_Q.gal 文件。执行完毕后,权重文件会出现在 Weights Manager 对话框中,如图 3.12 所示。

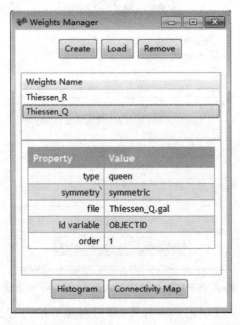

图 3.12　Queen 邻近权重文件在 Weights Manager 对话框中的显示

点击"Histogram"按钮,将会出现直方图,如图 3.13 所示,直方图用邻居数量描述位置的分布。

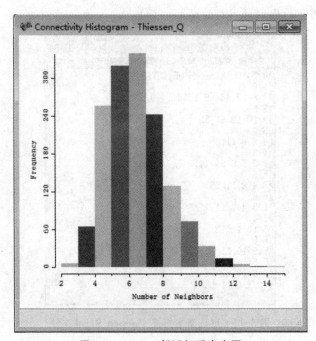

图 3.13　Queen 邻近权重直方图

右击直方图,选择 View、Display Statistics,则描述性统计信息会出现在直方图下面,如图 3.14 所示。

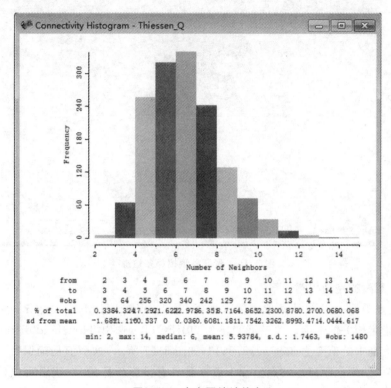

图 3.14　直方图统计信息

问题 3:请说明直方图下的描述性统计信息分别代表什么。

如图 3.15 所示,点击直方图中的条块,可以查找其在地图中的位置,而在地图中选择一个位置,也可从直方图中查看其所有邻居的数量。

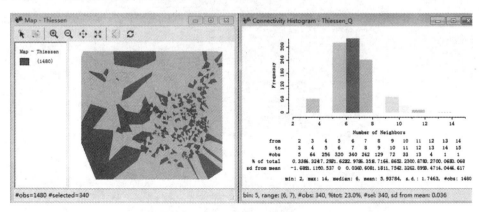

图 3.15　地图与直方图链接

在 Weights Manager 对话框中点击 Connectivity Map 选项,当把光标定位到所选的多边形上时,与它相邻的多边形会高亮显示,如图 3.16 所示。

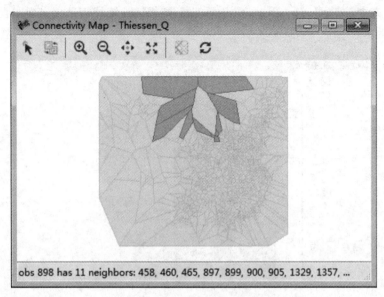

图 3.16　高亮显示相邻多边形

3) 基于距离的空间权重

加载站点坐标 1. shp,从菜单中依次选择 Tools、Weights Manager、Create,在弹出的对话框中,指定相关的选项。关键字变量为 OBJECTID,选中 Threshold distance 旁的单选按钮,文本框中的值变为 269549.378543,如图 3.17 所示,这个值是确保每一位置都至少有一个邻居的阈值距离。站点坐标 1 数据是具有投影坐标的,在这里可以使用欧几里得距离,如果投影的坐标是用经纬度表示的,则要用弧度距离。

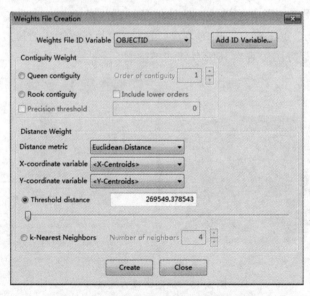

图 3.17　基于距离的空间权重参数设置

点击"Create"按钮开始创建,将结果保存为站点坐标 1E. gwt 文件。权重文件会出现在 Weights Manager 对话框中,如图 3.18 所示。

站点坐标1E.gwt 文件也能用记事本打开,但和前面提到的.gal 文件相比格式稍有差别。如图 3.19 所示,第一行为头文件,下面每一行记录了起始点的 ID、终点的 ID,以及两点之间的距离。

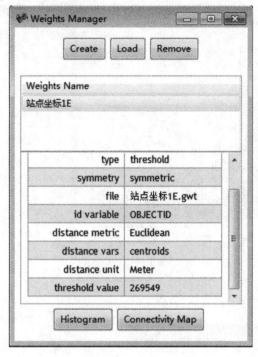

图 3.18　基于距离的空间权重文件在 Weights Manager　　图 3.19　用记事本打开站点坐标 1E.gwt
　　　　　对话框中的显示　　　　　　　　　　　　　　　　　　　　文件

点击"Histogram"按钮,将会出现直方图,如图 3.20 所示。当点的分布是不规则的(如一些点集聚在一起,而其他的点却距离很远)时,这种基于距离的空件权重是比较典型的。在这种情况下,门槛距离对多数位置而言太大了。距离门槛是由最远的点对所决定的,并不能代表其他点的分布。在这种情况下,在解释门槛距离时要小心谨慎,使用 k-Nearest 邻近权重也许会更合适。

对于 k-Nearest 邻近权重,选择 k-Nearest Neighbors 旁边的单选按钮,可对邻近个数进行设置,这里采用默认值。点击"Create"按钮开始创建权重,将其保存为站点坐标 K.gwt 文件。执行完毕后,权重文件会出现在 Weights Manager 对话框中,如图 3.21 所示。

打开直方图查看,此时直方图并没有太大的意义,它显示每个位置有 4 个邻居。

四、实验报告要求

(1)完成实验报告,包括实验原理、过程和结果。
(2)回答实验中提出的问题。

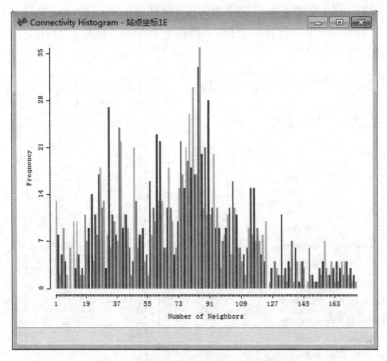

图 3.20　基于距离的空间权重的直方图

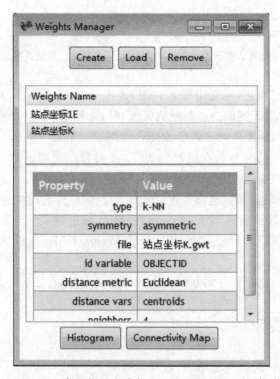

图 3.21　k-Nearest 邻近权重文件在 Weights Manager 对话框中的显示

实验四 分析模式

一、实验目的

掌握空间要素的空间分析模式方法。

二、实验准备

1. 软件准备

确保计算机已正确安装了 ArcGIS Desktop 10.x 软件。

2. 数据准备

中国省级行政区.shp、站点数据 1。

3. 预备知识

1) 空间自相关

根据要素位置和要素值来度量空间自相关。在给定一组要素及相关属性的情况下，该工具可评估所表达的模式是聚集模式、离散模式，还是随机模式。该工具通过计算 Moran's I 指数值、得分 z 和 p 值来对指数的显著性进行评估。p 值是根据已知分布的曲线得出的面积近似值(受检验统计量限制)。

空间自相关的 Moran's I 可表示为

$$I = \frac{n}{S_0} \frac{\sum_{i=1}^{n}\sum_{j=1}^{n} w_{i,j} z_i z_j}{\sum_{i=1}^{n} z_i^2}$$

其中：z_i 为要素 i 的属性与其平均值 $(z_i - \overline{X})$ 的偏差；$w_{i,j}$ 是元素 i 和 j 之间的空间权重；n 为要素总数；S_0 为所有空间权重的聚合。

S_0 的表达式为

$$S_0 = \sum_{i=1}^{n}\sum_{j=1}^{n} w_{i,j}$$

得分 z_I 的表达式为

$$z_I = \frac{I - E[I]}{\sqrt{V[I]}}$$

其中：

$$E[I] = -1/(n-1)$$

$$V[I]=E[I^2]-E[I]^2$$

2) 平均最近邻

平均最近邻用于量化数据的聚集程度。假设在研究区内随机分布的平均距离（期望的平均距离）为 $\overline{D}_E$，要求计算每个要素与最近邻要素的距离，并求出所有距离的平均值（$\overline{D}_O$）。$\overline{D}_E$ 与 $\overline{D}_O$ 的比值即为平均最近邻指数。如果该指数小于1，则表现的模式为聚类模式。如果该指数大于1，则表现的模式趋向于离散模式。指数越接近1，表明随机的概率越大。$\overline{D}_E$ 与 $\overline{D}_O$ 的计算方式为

$$\overline{D}_E = \frac{0.5}{\sqrt{n/A}}$$

$$\overline{D}_O = \frac{\sum_{i=1}^{n} d_i}{n}$$

其中：d_i 是每个要素与离它最近的要素之间的距离。

ArcGIS 的平均最近邻工具将返回五个值，分别为观测的平均距离、期望的平均距离、平均最近邻指数、得分 z 和 p 值。

3) 高/低聚类

该工具用于计算研究区域高值或低值的密度。在 ArcGIS 中，该工具假设不存在要素值的空间聚类。如计算结果返回的 p 值较小且在统计学上显著，则可以拒绝零假设。如果零假设被拒绝，则得分 z 的符号将变得十分重要。如果得分 z 为正数，则观测的 General G 指数会比期望的 General G 指数要大一些，表明属性的高值将在研究区域中聚类。如果得分 z 为负数，则观测的 General G 指数会比期望的 General G 指数要小一些，表明属性的低值将在研究区域中聚类。高值和低值同时聚类时，它们倾向于彼此相互抵消。如果在高值和低值同时聚类时测量空间聚类，则使用空间自相关工具。

4) 多距离空间聚类分析

该工具可说明要素质心的空间聚集或空间扩散在邻域是如何变化的。

$$L(d) = \sqrt{\frac{A \sum_{i=1}^{n}\sum_{j=1,j\neq i}^{n} k_{i,j}}{\pi n(n-1)}}$$

其中：d 为距离；n 为要素的总数目；A 为要素的总面积；$k_{i,j}$ 为权重。如果没有边校正，且 i 与 j 之间的距离小于 d，则权重等于1，反之权重等于0。使用给定的边校正方法时，$k_{i,j}$ 的权重会略有变化。

如果特定距离的 K 观测值大于 K 预期值，则与该距离（分析尺度）的随机分布相比，该分布的聚类程度更高。如果 K 观测值小于 K 预期值，则与该距离的随机分布相比，该分布的离散程度更高。如果 K 观测值大于 HiConfEnv 值，则该距离的空间聚类具有统计显著性。如果 K 观测值小于 LwConfEnv 值，则该距离的空间离散具有统计显著性。

5) 增量空间自相关

ArcGIS Desktop 10.x 软件有一系列距离增量空间自相关工具，可同时测量各距离

空间聚类的程度。聚类的程度由返回的得分 z 确定。通常情况下，距离增大(得分 z 也增大)表示聚类增强。但是，对于某些特定距离，得分 z 通常为峰值。有时会看到多个峰值。如果在进行数据分析时只关心空间位置，就没必要使用这个工具，用多距离空间聚类分析工具即可。但是如果除空间位置外，还关心数据属性，就有必要采用这个工具了。

三、实验步骤及方法

打开 ArcMap 加载栅格数据，即站点数据 1。

1. 空间自相关

依次点击 ArcToolbox、Spatial Statistics Tools、Analyzing Patterns、Spatial Autocorrelation(Moran's I)。在弹出的对话框中设置输入要素为站点数据 1，字段为 AQI_1、AQI_2 和 AQI_3，在 Generate Report 前打勾，其他参数为默认值，完成后点击"OK"按钮。

打开 Results，查看三个报表中 z-score 的计算结果，统计结果如表 4.1 所示，结果表明 AQI 是聚集分布的，但是只有 AQI_3 通过了显著性检验($p \approx 0.039 < 0.05$)，只有它的结果可行。

表 4.1 Moran's I 指数

	AQI_1	AQI_2	AQI_3
Moran's I:	0.807332	0.859658	1.003972
z-score:	1.662925	1.770635	2.068544
p-value:	0.096327	0.076621	0.038589

2. 平均最近邻

依次点击 ArcToolbox、Spatial Statistics Tools、Analyzing Patterns、Average Nearest Neighbor，设置输入要素为站点数据 1，选择欧几里得距离。对生成报告选项打勾，点击"OK"按钮。输出结果如图 4.1 所示。

问题 1：根据知识要点，结合输出结果，请说明站点坐标 1 的数据点是聚集的、离散的，还是随机的，并说明原因。

3. 高/低聚类

依次点击 ArcToolbox、Spatial Statistics Tools、Analyzing Patterns、High/Low(Getis-Ord General G)，设置输入要素为站点数据 1，字段为 AQI_1，在 General Report 前打勾，其他参数为默认值，点击"OK"按钮，执行命令。

操作完成后，在 Geoprocessing 菜单中选择 Results 选项。在 Current Session 下，扩展 High/Low(Getis-Ord General G)，然后双击 GeneralG_Results.htm 将它打开，如图

Average Nearest Neighbor Summary	
Observed Mean Distance:	6399.7872 Meters
Expected Mean Distance:	51254.4951 Meters
Nearest Neighbor Ratio:	0.124863
z-score:	-64.407703
p-value:	0.000000

Dataset Information	
Input Feature Class:	站点坐标1
Distance Method:	EUCLIDEAN
Study Area:	15551977756661.298828
Selection Set:	False

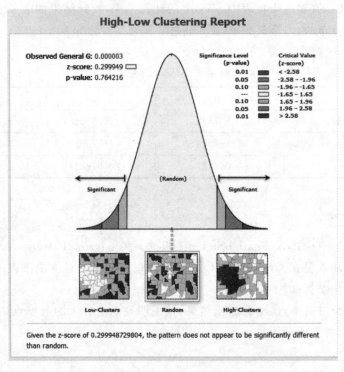

图 4.1　平均最近邻结果

4.2 所示，可看到 G 统计量为 0.000003，得分 z 为 0.299949，p 值为 0.764216。这表明数据是随机分布的，不存在聚集现象。

图 4.2　AQI_1 的 Getis-Ord General G 指数

加载中国省级行政区数据，对 GDP_1994 进行 High/Low(Getis-Ord General G)操作。输出结果如图 4.3 所示。

问题 2：根据图 4.3 中的数据说明，1994 年的 GDP 是高聚集的、低聚集的，还是随机分布的，是否通过了显著性检验？

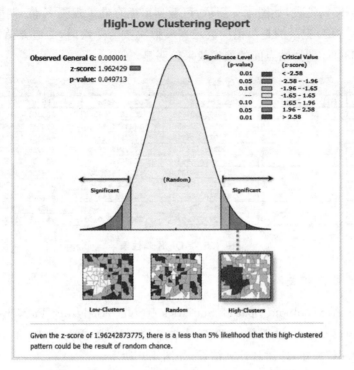

图 4.3　GDP_1994 的 Getis-Ord General G 指数

4. 多距离空间聚类分析

依次点击 ArcToolbox、Spatial Statistics Tools、Analyzing Patterns、Multi_Distance Spatial Cluster Analysis(Ripleys K Function)。设置输入要素为站点数据 1，保存表格名为 AQI_K，字段为 AQI_3，在 Display Results Graphically 前打勾，其他参数为默认值，点击"OK"按钮执行命令，命令完成后会弹出 Ripley's K 函数图，如图 4.4 所示，表明 AQI 是聚集的。

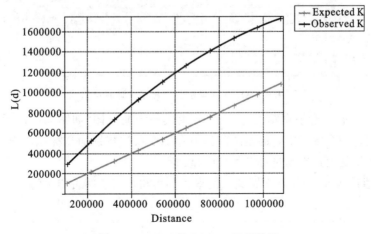

图 4.4　AQI_3 的 Ripley's K 函数图

打开 AQI_K 属性表,如图 4.5 所示,可看到里面存储了观测 K 值、期望 K 值及二者的差值(DiffK),OID 记录的是模拟次数。当模拟次数为 7 次时,二者差值最大。在距离为 1531624.16349 m 时,站点间的聚类效果较明显。

OID	Field1	ExpectedK	ObservedK	DiffK
7	0	866262.304609	1531624.16349	665361.858879
8	0	974545.092686	1634825.14923	660280.056541
6	0	757979.516533	1405151.21777	647171.701238
9	0	1082827.88076	1721947.56114	639119.680377
5	0	649696.728457	1269887.99933	620191.270875
4	0	541413.940381	1106594.38366	565180.44328
3	0	433131.152305	928575.774167	495444.621862
2	0	324848.364229	738219.346711	413370.982482
1	0	216565.576152	524743.179348	308177.603196
0	0	108282.788076	295159.670409	186876.882333

图 4.5 AQI_K 属性表

5.增量空间自相关

依次点击 ArcToolbox、Spatial Statistics Tools、Analyzing Patterns、Incremental Spatial Autocorrelation。设置输入要素为站点数据 1,字段为 SO2_3,输出报表名为 SO2_I。点击"OK"按钮,即出现计算结果,如图 4.6 所示。

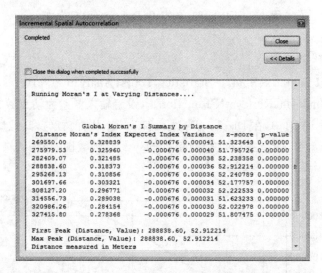

图 4.6 SO2_3 的增量空间自相关计算结果

打开 SO2_I.pdf,会根据距离与 z-score 生成一个曲线图,如图 4.7 所示。从图中可以清楚地看到每一个峰值出现的距离。其中有一个点被特别加亮标识,该点对应的峰值反映了这份数据是促进空间过程聚类最明显的距离。

问题 3:通过实验,请简述多距离空间聚类分析与增量空间自相关的共同点与区别。

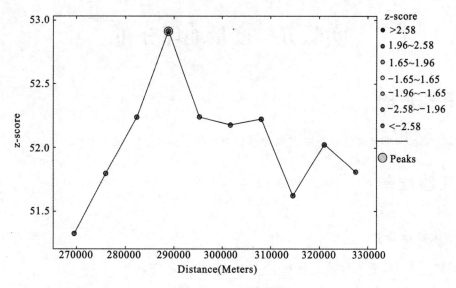

图 4.7　z-score 曲线图

四、实验报告要求

(1)完成实验报告,包括实验原理、过程和结果。
(2)回答实验中提出的问题。

实验五 度量地理分布

一、实验目的

掌握 ArcGIS 中度量一组要素的分布的方法。

二、实验准备

1. 软件准备

确保计算机已正确安装了 ArcGIS Desktop 10.x 软件。

2. 数据准备

站点 Area.shp、主要铁路.shp。

3. 预备知识

度量地理分布工具可通过度量一组要素的分布来计算各类用于表现分布特征的值，例如中心位置，数据的形状和方向，要素如何分散分布等。

1) 中心要素

识别点、线或面要素类中位于最中央的要素。对数据集中每个要素质心与其他各要素质心之间的距离进行计算并求和。然后，选择与所有其他要素的最小累积距离相关联的要素(如果指定权重，则为加权)，并将其复制到一个新创建的输出要素类中。

2) 平均中心

研究区域中所有要素的平均 x 坐标和 y 坐标。一般情况下，这个平均值不会恰好等于研究数据中的某一个值(当然，也有等于某个值的)，所以平均中心会生成一个新的点。平均中心会对极值非常敏感。

3) 中位数中心

中位数中心是一种对异常值反应较为稳健的中心趋势的量度。该指数可找出数据集中到其他所有要素距离最小的位置点。中位数中心计算出来的，可以不是原始要素中的一个，而是生成一个新的位置。

4) 标准差椭圆

同时对点的方向和分布进行分析的一种经典算法。圆心为算数平均中心，长半轴、短半轴及椭圆的方向由下面公式确定：

$$SDE_x = \sqrt{\frac{\sum_{i=1}^{n}(x_i - \overline{X})^2}{n}}$$

$$\mathrm{SDE}_y = \sqrt{\frac{\sum_{i=1}^{n}(y_i - \overline{Y})^2}{n}}$$

$$\tan\theta = \frac{A+B}{C}$$

$$A = \left(\sum_{i=1}^{n}\bar{x}_i^2 - \sum_{i=1}^{n}\bar{y}_i^2\right)^2$$

$$B = \sqrt{\left(\sum_{i=1}^{n}\bar{x}_i^2 - \sum_{i=1}^{n}\bar{y}_i^2\right)^2 + 4\left(\sum_{i=1}^{n}\bar{x}_i^2\bar{y}_i^2\right)^2}$$

$$C = 2\sum_{i=1}^{n}\bar{x}_i\bar{y}_i$$

其中:$\bar{x}_i$ 和 $\bar{y}_i$ 分别是平均中心和 x、y 坐标的差。

5) 标准距离

该值表示距离,可度量要素在平均中心附近的离散或集中程度。标准距离为

$$\mathrm{SD} = \sqrt{\frac{\sum_{i=1}^{n}(x_i - \overline{X})^2}{n} + \frac{\sum_{i=1}^{n}(y_i - \overline{Y})^2}{n}}$$

其中:x_i 和 y_i 为要素 i 的坐标;$\{\overline{X}, \overline{Y}\}$ 为要素的平均中心;n 为要素总数。

加权标准距离扩展为

$$\mathrm{SD}_w = \sqrt{\frac{\sum_{i=1}^{n}w_i(x_i - \overline{X}_w)^2}{\sum_{i=1}^{n}w_i} + \frac{\sum_{i=1}^{n}w_i(y_i - \overline{Y}_w)^2}{\sum_{i=1}^{n}w_i}}$$

其中:w_i 为要素 i 的权重;$\{\overline{X}_w, \overline{Y}_w\}$ 为加权平均中心。

6) 线性方向平均值

一组线要素的趋势可通过计算这些线的平均角度进行度量。用于计算该趋势的统计量称为方向平均值。

三、实验步骤及方法

打开 ArcMap 加载站点 Area 栅格数据,并打开图层的属性表。AQIa、AQI2、AQI3 分别表示 2017 年 12 月 1 日、2 日、3 日的空气质量指数。

1. 中心要素

依次选择 ArcToolbox、Spatial Statistics Tools、Measuring Geographic Distributions、Central Feature,输出要素为站点中心,如图 5.1 所示,点击"OK"按钮。

右击 Central Feature,选择 Batch,在弹出的对话框中增加一行,设置输入要素为站点 Area,依次将 Weight Field 的值设置为 AQIa、AQI2、AQI3,设置输出要素为 AQIa 中心、AQI2 中心、AQI3 中心,如图 5.2 所示。

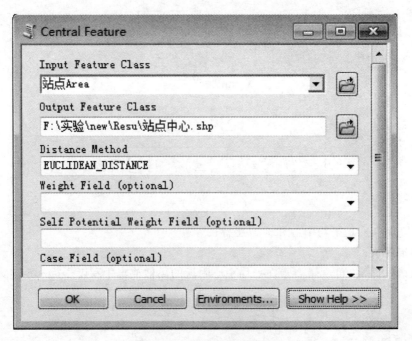

图 5.1 站点中心要素创建

	Input Feature Class	Output Feature Class	Distance Method	Weight Field
1	站点Area	F:\实验\new\AQI1中心.shp	EUCLIDEAN_DISTANCE	AQI1
2	站点Area	F:\实验\new\AQI2中心.shp	EUCLIDEAN_DISTANCE	AQI2
3	站点Area	F:\实验\new\AQI3中心.shp	EUCLIDEAN_DISTANCE	AQI3

图 5.2 Central Feature 的 Batch 对话框参数设置

依次选择 ArcToolbox、Spatial Statistics Tools、Measuring Geographic Distributions、Mean Center,设置输入要素为站点 Area,输出要素为站点平均中心,点击"OK"按钮。输出结果与站点中心结果不重合,如图 5.3 所示。

图 5.3 站点中心与站点平均中心

右击 Mean Center,选择 Batch,在弹出的对话框中,设置输入要素为站点 Area,依次将 Weight Field 的值设置为 AQIa、AQI2、AQI3,设置输出要素为 AQIa 平均中心、AQI2 平均中心、AQI3 平均中心。从图 5.4 中可以看到,四个平均中心的位置都不一样。

图 5.4　站点平均中心与基于不同权重的平均中心的位置分布

问题 1:请打开四个平均中心图层的属性表,描述坐标值是如何变化的。

问题 2:站点平均中心与站点中心的位置为什么不重合?

2. 中位数中心

依次选择 ArcToolbox、Spatial Statistics Tools、Measuring Geographic Distributions、Median Center,设置输入要素为站点 Area,输出要素为站点中位数中心,点击"OK"按钮。

右击 Median Center,选择 Batch,在弹出的对话框中,设置输入要素为站点 Area,依次将 Weight Field 的值设置为 AQIa、AQI2、AQI3,设置输出要素为 AQIa 中位数中心、AQI2 中位数中心、AQI3 中位数中心。从图 5.5 中可以看到,四个中位数中心的位置不一样。

3. 标准差椭圆

依次选择 ArcToolbox、Spatial Statistics Tools、Measuring Geographic Distributions、Directional Distribution(Standard Deviational Ellipse),如图 5.6 所示,在弹出的对话框中,设置输入要素为站点 Area。接下来将 Weight Field 的值依次设置为空、AQIa、AQI2、AQI3,设置输出要素为站点椭圆、AQIa 椭圆、AQI2 椭圆、AQI3 椭圆。

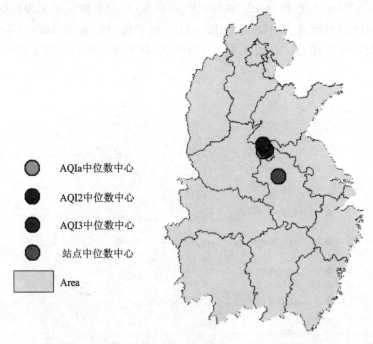

图 5.5 中位数中心

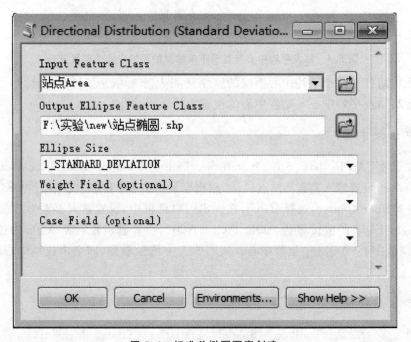

图 5.6 标准差椭圆要素创建

需要注意的是，Ellipse Size 为标准差中输出椭圆的大小。有三个值，分别为 1_STANDARD_DEVIATION、2_STANDARD_DEVIATIONS、3_STANDARD_DEVIATIONS，默认椭圆大小为 1。一个标准差（默认值）可将约占总数 68% 的输入要素质心包含在内。两个标准差会将约占总数95%的输入要素质心包含在内,而三个标准差则会覆盖约占总数99%的输入要素质心。本实验中我们使用默认值。结果如图5.7所示。

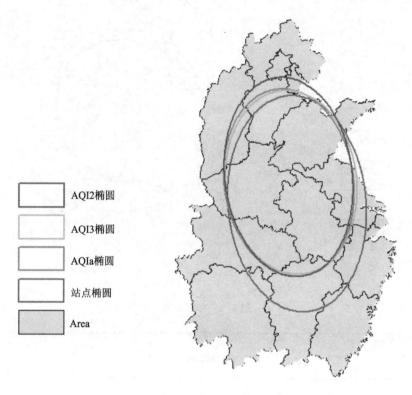

图 5.7 标准差椭圆

问题3:请打开AQIa椭圆、AQI2椭圆、AQI3椭圆图层的属性表,描述AQI的数据分布和方向。

4. 标准距离

依次选择ArcToolbox、Spatial Statistics Tools、Measuring Geographic Distributions、Standard Distance。在弹出的对话框中,设置输入要素为站点坐标1。接下来将Weight Field的值依次设置为空、AQIa、AQI2、AQI3,设置输出要素为站点圆、AQIa圆、AQI2圆、AQI3圆。参数Circle Size的含义和Ellipse Size的是一样的。得到的结果如图5.8所示。

打开站点圆图层的属性表,里面的StdDist值为标准距离。针对AQIa圆、AQI2圆、AQI3圆图层的属性表里的标准距离,在Excel中做出直方图,如图5.9所示。从直方图中可以看出,相比较而言,2017年12月3日的污染更集中。

5. 线性方向平均值

新插入一个Data Frame,加载主要铁路数据。依次选择ArcToolbox、Spatial

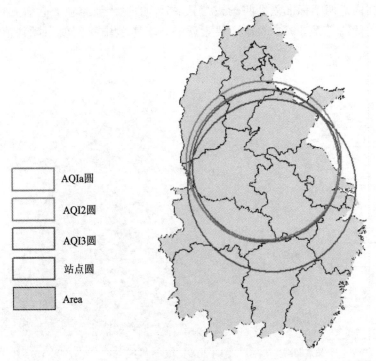

图 5.8 标准距离

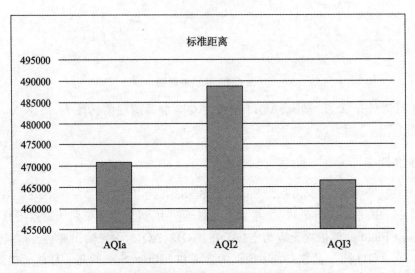

图 5.9 站点圆属性表标准距离直方图

Statistics Tools、Measuring Geographic Distributions、Linear Directional Mean,设置输入要素为主要铁路,输出要素为铁路线性方向。图 5.10 中的箭头为铁路线性方向。

练习 1:请对站点坐标图层里的字段 SO2_1、SO2_2、SO2_3 进行度量地理分布操作。

图 5.10　铁路线性方向图

四、实验报告要求

(1) 完成实验报告,包括实验原理、过程和结果。
(2) 回答实验中提出的问题。
(3) 完成练习1,并通过 PPT 展示结果。

实验六　聚类分布制图

一、实验目的

(1)了解各类聚类分析的方法及原理。
(2)能用 ArcGIS 中的聚类分布制图工具识别具有统计显著性的热点、冷点和空间异常值的位置。

二、实验准备

1. 软件准备

确保计算机已正确安装了 ArcGIS Desktop 10.x 软件。

2. 数据准备

站点 Area.shp。

3. 预备知识

1) 聚类和异常值分析

该工具用于识别具有高值或低值的要素的空间聚类,还可用于识别空间异常值。
空间关联的 Local Moran's I 统计数据为

$$I_i = \frac{x_i - \overline{X}}{S_i^2} \sum_{j=1, j \neq i}^{n} w_{i,j}(x_j - \overline{X})$$

其中:x_i 为要素 i 的属性值;$\overline{X}$ 为对应属性的平均值;$w_{i,j}$ 为要素 i 和 j 之间的空间权重;n 为要素总数。

S_i^2 的表达式为

$$S_i^2 = \frac{\sum_{j=1, j \neq i}^{n}(x_j - \overline{X})^2}{n - 1} - \overline{X}^2$$

统计数据的得分 zI_i 的计算方法为

$$zI_i = \frac{I_i - E[I_i]}{\sqrt{V[I_i]}}$$

其中:

$$E[I_i] = \frac{\sum_{j=1, j \neq i}^{n} w_{ij}}{n - 1}$$

$$V[I_i] = E[I_i^2] - E[I_i]^2$$

2)热点分析

对数据集中的每一个要素计算 Getis-Ord Gi* 统计(称为 G_i^*)。得到得分 z 和 p 值，就可以知道高值或低值要素在空间上发生聚类的位置。

G_i^* 可表示为：

$$G_i^* = \frac{\sum_{j=1}^{n} w_{i,j} x_j - \overline{X} \sum_{j=1}^{n} w_{i,j}}{S \sqrt{\frac{\left[n \sum_{j=1}^{n} w_{i,j}^2 - \left(\sum_{j=1}^{n} w_{i,j}\right)^2\right]}{n-1}}}$$

其中：x_j 为要素 j 的属性值；$w_{i,j}$ 为要素 i 和 j 之间的空间权重；n 为要素总数。

$$\overline{X} = \frac{\sum_{j=1}^{n} x_j}{n}$$

$$S = \sqrt{\frac{\sum_{j=1}^{n} x_j^2}{n} - (\overline{X})^2}$$

三、实验步骤及方法

打开 ArcMap 并加载站点 Area 数据，依次选择 ArcToolbox、Spatial Statistics Tools、Mapping Cluster、Anselin Local Moran's I。在弹出的对话框中设置输入要素为站点 Area，字段为 AQI3，输出要素为 AQI_LocalM。如图 6.1 所示，结果能清楚地显示出哪些点处于高聚集、哪些点处于低聚集、哪些点处于异常值，也可显示出没有显著性相关的点。

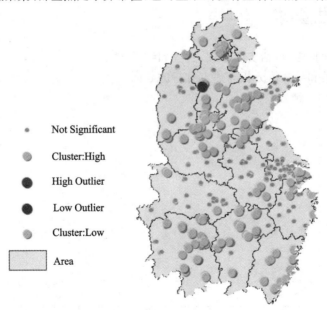

图 6.1 AQI3 的局部 Moran's I 指数

依次选择 ArcToolbox、Spatial Statistics Tools、Mapping Cluster、Getis-Ord Gi*，在弹出的对话框中设置输入要素为站点 Area，字段为 AQI3，输出要素为 AQI_LocalG，结果如图 6.2 所示。

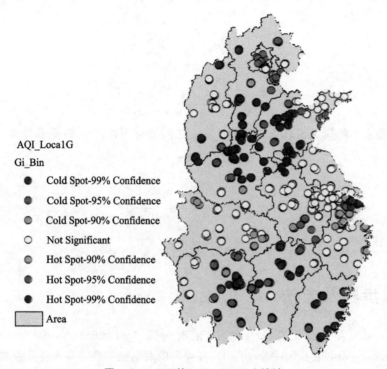

图 6.2　AQI3 的 Getis-Ord Gi* 统计

四、实验报告要求

(1)完成实验报告，包括实验原理、过程和结果。
(2)简述聚类和异常值分析与热点分析的异同。

实验七 空间插值

一、实验目的

(1)掌握 ArcGIS 中确定性插值的方法和步骤。
(2)掌握 ArcGIS 中克里金插值的方法和步骤。

二、实验准备

1. 软件准备

确保计算机已正确安装了 ArcGIS Desktop 10.x 软件。

2. 数据准备

站点 Area.shp、Area.shp。

3. 预备知识

根据采样点值创建连续(或预测)表面。基本原则:距离较近的事物比距离较远的事物更相似。

1) 确定性方法
相似程度或平滑程度使用测量点创建表面。
全局方法:全局多项式。
局部方法:反距离加权法、局部多项式法、径向基函数插值法、核平滑法等。

2) 地统计方法
地统计方法依赖统计和数学两种方法,对测量点之间的空间自相关进行量化,并会考虑预测位置周围的采样点的空间配置。
克里金插值法包括普通克里金法、简单克里金法、泛克里金法、指示克里金法、概率克里金法和析取克里金法等。

3) 评估插值结果的目的
①得到接近 0 的平均误差。
②得到较小的均方根预测误差。
③得到与均方根预测误差相似的平均标准误差。
④得到接近 0 的标准平均预测误差。

4) 评估插值结果的方法及相关知识点
①交叉验证:移除一个或多个数据位置,然后使用其他位置的数据来预测与其相关联的数据。

②验证方式:首先移除部分数据(称为测试数据集),然后使用其他数据(称为训练数据集)来开发要用于预测的趋势和自相关模型。
③可用图的类型:预测图、误差图、标准化误差图、QQ 图等。
④比较模型:用不同的插值方法创建、用相同的方法但不同的参数创建。
⑤需要特别考虑的点:最优性、有效性。

三、实验内容及步骤

打开 ArcMap,加载站点 Area.shp 和 Area.shp。确认 Customize 菜单的 Geostatistical Analyst 和 Spatial Analyst 扩展模块已被选中,然后依次选择 Customize、Toolbars、Geostatistical Analyst 工具条。

1. 趋势面模型做插值

点击 Geostatistical Analyst 下拉菜单,指向 Explore Data,选择 Trend Analysis。在 Trend Analysis 对话框的底部,点击下拉菜单,选择站点 Area 为输入图层,PM10a 为输入属性,如图 7.1 所示。

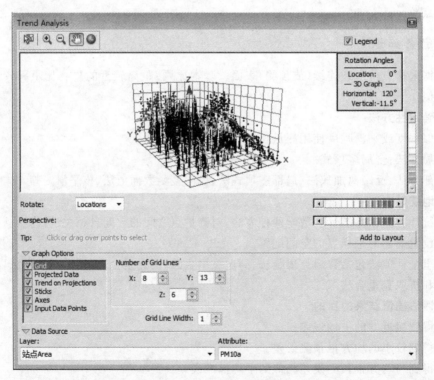

图 7.1 Trend Analysis 对话框

将 Trend Analysis 对话框最大化。如图 7.2 所示,三维图显示了两个趋势:XZ 面上呈现出从东到西降低的趋势。YZ 面上呈现出从北到南先降低,再上升,再降低的抛物线。南-北向的变化比东-西向的变化强烈许多。关闭对话框。

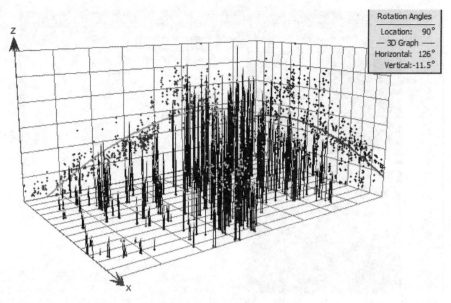

图 7.2　PM10a 的三维图

点击 Geostatistical Analyst 下拉菜单,选择 Geostatistical Wizard。第一步,选择一种地统计方法。如图 7.3 所示,在 Methods 栏中,点击 Global Polynomial Interpolation(全局多项式插值)。

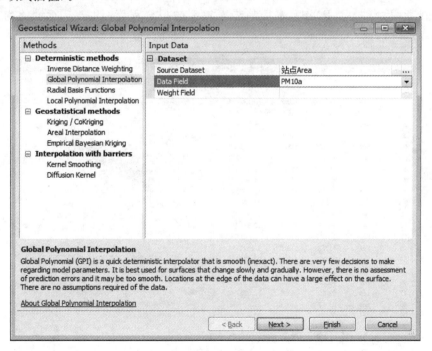

图 7.3　选择一种地统计方法

第二步,选择多项式次数(Order of polynomial),如图 7.4 所示。多项式次数的下拉菜单列表中提供了次数 1~10,从中选择 2。

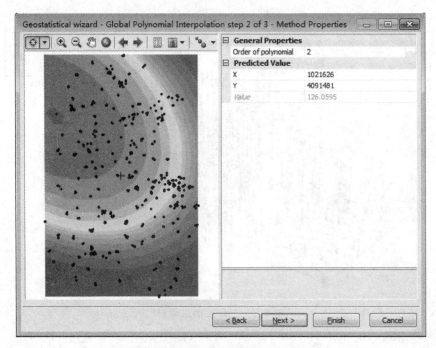

图 7.4 多项式次数设置

第三步,显示与观测值对应的预测值及其误差的散点图,显示与二阶趋势面模型相关的统计值,以及均方根(RMS)表征趋势面模型的拟合程度,图 7.5 所示的均方根为 30.16794。

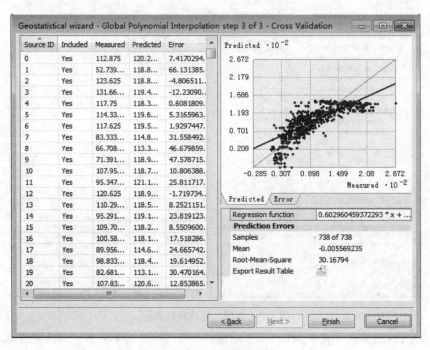

图 7.5 多项式插值结果分析

点击"Back"按钮,将幂变为1,此时均方根为37.5762。改变幂的取值,重复以上操作,选取均方根最小的趋势面模型。对于PM10a属性,最好趋势面模型的幂为10,因此,将幂变为10,点击"Finish"按钮。此时会生成一个名为Global Polynomial Interpolation Prediction Map的图层并加载到ArcMap中。

问题1： 幂取值为10时的均方根值为多少?

右击Global Polynomial Interpolation Prediction Map,选择Properties Symbology选项下的Show,栏中有四个选项:地形晕渲(Hillshade)、等值线(Contours)、格网(Grid)和填色等值线(Filled Contours)。选中Filled Contours复选框,清除Show的其余复选框,然后点击分类(Classify)。在出现的Classification对话框中,Methods选择Manual,类型数目设置为5,然后输入最大值与最小值之间各类型的划分界限分别为50、75、100、150。点击"OK"按钮,关闭对话框。结果如图7.6所示。

让Global Polynomial Interpolation Prediction Map的范围与Area一致,右击Properties,依次选择Extent、Set the Extent to: the Rectangular Extent of Area。右击Layers,依次选择Data Frame、Clip Option: Clip to Shape、Specify Shape: Outline of Features: Area。单击Area图层名下的颜色图标,在弹出的对话框里,选择Hollow。结果如图7.7所示。

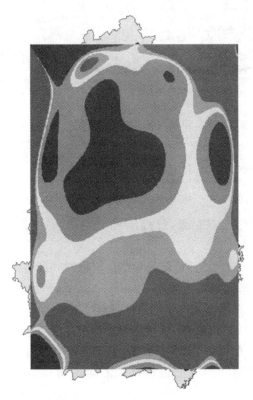

图7.6 多项式插值结果

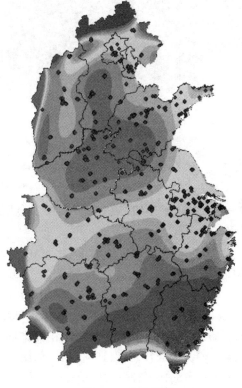

图7.7 掩膜结果

2. IDW 插值

点击 Geostatistical Analyst 下拉菜单，选择 Geostatistical Wizard，在 Methods 框中选择 Inverse Distance Weighting，确认 Source Dataset 是站点 Area，Data Field 是 PM10a，再点击"Next"按钮。

在 step2 面版中，Methods 框中有"Click to the Optimize Power Value"按钮。因为幂的改变直接影响到估算值，因此，在不改变其他参数设定的情况下，可以点击该按钮，用地统计向导（Geostatistical Wizard）找到最佳的幂。采用交叉验证法来寻找最佳幂值，点击"Click to the Optimize Power Value"按钮，幂字段处显示的值约为 1.3425，如图 7.8 所示。

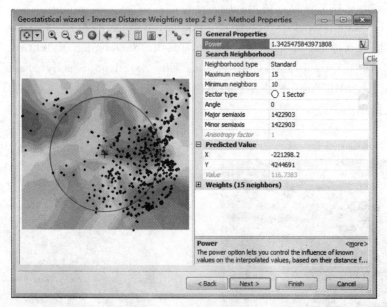

图 7.8 寻找最佳幂值

点击"Next"按钮，在 step3 面版中会显示交叉验证结果，包括 RMS 统计值，如图 7.9 所示。

点击"Finsh"按钮，插值结果出现在 ArcMap 中。将插值结果导出为栅格图并命名为 PM10aInverse，先将它转为栅格。打开 ArcToolbox，双击 Spatial Analyst Tools/Extraction 工具集下的 Extract by Mask 工具。在接下来的对话框中选择 PM10aInverse 作为输入栅格，Area 作为输入栅格掩膜，指定 PM10IDW 作为输出栅格，点击"OK"按钮。点击 Area 图层名下的颜色图标，在弹出的对话框里，选择 Hollow。对 PM10IDW 分类 (Classify)为：50、75、100、150。结果如图 7.10 所示。并对它进行符号化显示，分级为 5。分点为 50、75、100、150、默认值。

问题 2：请根据 RMS 值，说出多项式插值法和 IDW 插值法对 PM10a 的插值结果哪个更好。

实验七 空间插值

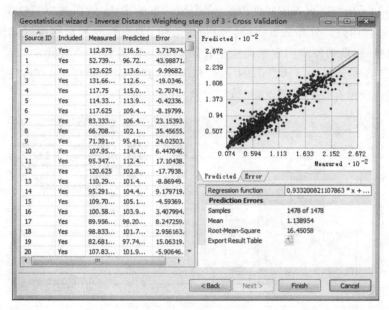

图 7.9 交叉验证结果

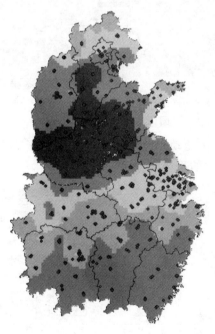

图 7.10 PM10a 的 IDW 插值结果

3. 浏览数据

1) 使用直方图工具检查数据的分布

点击站点 Area 图层,在 Geostatistical Analyst 工具条上,点击 Geostatistical Analyst,选择 Explore Data、Histogram。

如图 7.11 所示,在直方图对话框中,点击属性下的箭头,然后选择 AQI3。默认分组为 10,可以进行调整。分布的重要特征包括中心值、偏离程度和对称度。如果平均值和中心值近似相同,则初步表明数据可能呈正态分布。在实验中平均值为 128.41,中心值为 111.79,二者相差较大。从图 7.11 也可以看出,直方图不呈正态分布,呈左偏。分布图的右侧尾部表示存在的采样点相对较少,但 AQI 浓度较高。

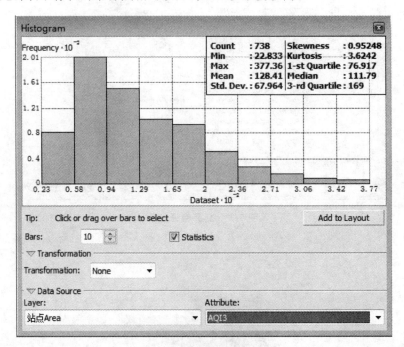

图 7.11　AQI3 的直方图

点击直方图,并在其上方拖动光标来选择 AQI 值大于 236 的直方图条块,此时地图上会对应选择处于此范围内的采样点,如图 7.12 所示。

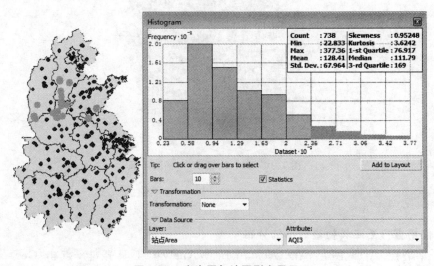

图 7.12　直方图与地图刷光显示

实验七 空间插值

点击基础工具,点击工具条上的清除所选要素按钮,以清除地图和直方图上的所选点。最后点击直方图对话框右上角的关闭按钮。

2)创建正态 QQ 图

分位数-分位数图(QQ 图)用于将数据的分布与标准正态分布进行比较,它提供了另一种测量数据正态分布的方法。这些点与图中呈 45°的直线的距离越近,这些样本数据就越接近于正态分布。

在 Geostatistical Analyst 工具条上,点击 Geostatistical Analyst,选择 Explore Data、Normal QQPlot。点击属性下的箭头,然后选择 AQI3,如图 7.13 所示,在正态 QQ 图中,可看到图中的点并不是非常接近于一条直线的。

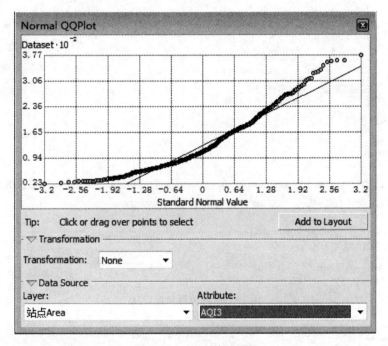

图 7.13 AQI3 的 QQ 图

3)识别数据中的全局趋势

在 Geostatistical Analyst 工具条上,点击 Geostatistical Analyst,选择 Explore Data、Trend Analysis。点击属性下的箭头,然后选择 AQI3,出现图 7.14 所示的窗口。如果在数据中存在集中的趋势,则该趋势就是可以通过数学公式表示的表面的非随机组成部分。通过趋势分析工具可以识别输入数据集中存在的或不存在的趋势,并且可以识别出最佳拟合此趋势的多项式阶数。

如图 7.15 所示,点击旋转位置滚动条,并向左滚动,直到旋转角度为 90°为止。

如图 7.16 所示,可以看到,在旋转这些点时,点聚集的趋势始终呈现为倒置的 U 形。此外,对于任何特定的旋转角度,该趋势似乎并未表现出更强的趋势(即更明显的 U 形),再次印证了之前的观察结果,即从数据值域的中心向所有方向都呈现了很强的趋势。由于此趋势为 U 形,因此将二阶多项式用作全局趋势模型是个不错的选择。

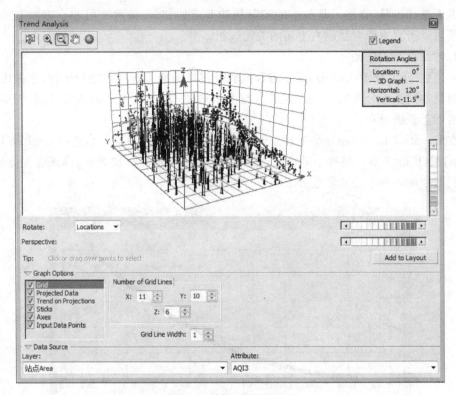

图 7.14 AQI3 趋势面分析

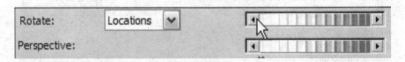

图 7.15 趋势面角度调整

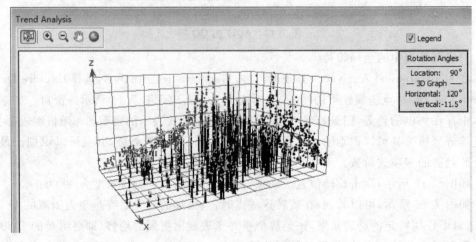

图 7.16 趋势面形状分析

点击位于趋势分析对话框右上角的关闭按钮。

4) 浏览空间自相关和方向影响

在 Geostatistical Analyst 工具条上，点击 Geostatistical Analyst，选择 Explore Data、Semivariogram/Covariance Cloud(半变异函数/协方差云)。

点击属性下的箭头，然后选择 AQI3，如图 7.17 所示。通过半变异函数/协方差云可以检查测量样本点之间的空间自相关。随着位置对之间的距离增加(在 x 轴上向右移动)，半变异函数值也应该增加(在 y 轴上向上移动)。但当达到某个距离时云会变平，这表示相互间的距离大于此距离的点对的值不再相关。

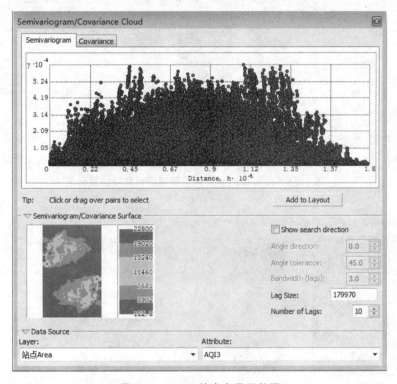

图 7.17　AQI3 的半变异函数图

在基础工具条上点击矩形选择要素按钮，然后在半变异函数/协方差云对话框中的某些具有较大的半变异函数值的点的上方点击，并拖动光标以选择这些点。在半变异函数图中选择的采样位置对会高亮显示在地图上，连接位置对的线指示配对关系。图 7.18 中高亮显示的位置对具有相同的半变异函数值，其点对之间的距离大致相同。

如图 7.19 所示，选中 Show search direction(显示搜索方向)，点击图中任一位置并将方向光标移动到任一角度。光标所指向的方向决定了将在半变异函数图上绘制的数据位置对。例如，如果光标指向东西方向，则将仅在半变异函数图上绘制相互之间处于东或西方向上的数据位置对。

点击并沿着具有最高半变异函数值的位置对，拖动矩形选择要素工具，就可在半变异函数图和地图中选择这些位置对，如图 7.20 所示。

点击对话框右上角的关闭按钮。点击基础工具条上的清除所选要素按钮，以清除地图上所选的点。

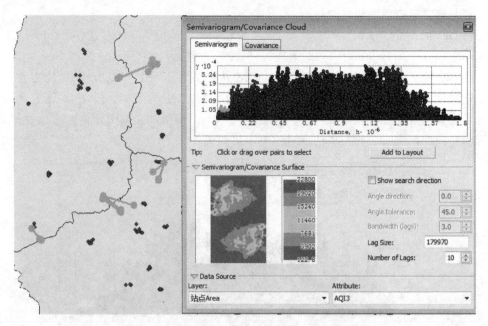

图 7.18 具有相同半变异函数值的位置对的显示

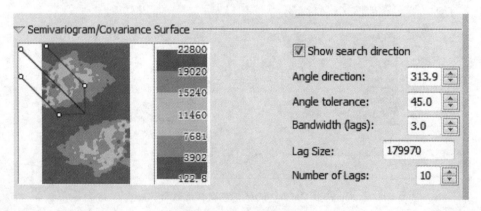

图 7.19 显示搜索方向

4. 克里金插值

在 Geostatistical Analyst 工具条上,点击 Geostatistical Analyst、Geostatistical Wizard。在 Methods 列表框中,点击 Kriging/CoKriging,选择 Ordinary,然后点击站点 Area,字段属性选择 AQI3,点击"Next"按钮。如图 7.21 所示,点击普通克里金法 (Ordinarg),点击趋势的移除阶数旁的箭头,然后点击二阶(Second)。这里选择二阶是因为,利用趋势分析工具进行细化后,确定二阶多项式似乎比较合理,这种趋势可由数学公式表示,并且可以从数据中移除。因为在浏览数据的实验中,直方图和 QQ 图都不呈正态分布,将 AQI3 变换为 Log 类型,使其接近正态分布。

点击"Next"按钮。如图 7.22 所示,默认情况下,Geostatistical Analyst 将绘制数据集的全局趋势图。插值结果表明东西方向的变化最快,南北方向的变化也较快。

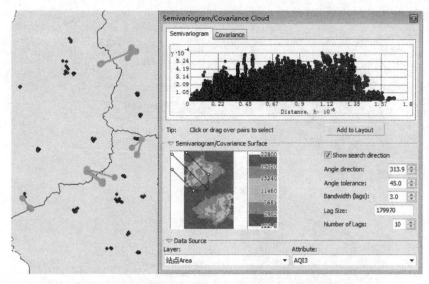

图 7.20 对应位置的半变异函数图和地图显示

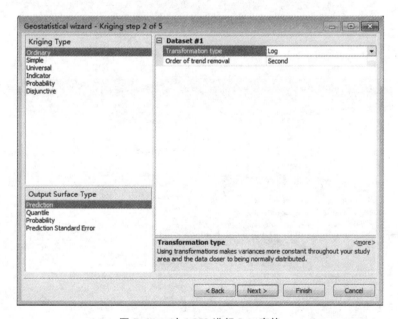

图 7.21 对 AQI3 进行 Log 变换

点击"Next"按钮,出现半变异函数/协方差建模界面,可以将模型与数据集的空间关系进行拟合。将 Anisotropy 改为 True,点击 Optimize model 对 Lag Size 的值进行优化,如图 7.23 所示。

点击"Next"按钮,直到出现交叉验证界面,如图 7.24 所示。交叉验证的目的在于正确地确定哪个模型的预测最准确。其预测具有无偏性,其判定条件是标准平均预测误差接近 0。若标准误差是准确的,则其判定条件是均方根标准预测误差接近 1;若预测与测量值的偏差不大,则其判定条件是均方根误差和平均标准误差很小。

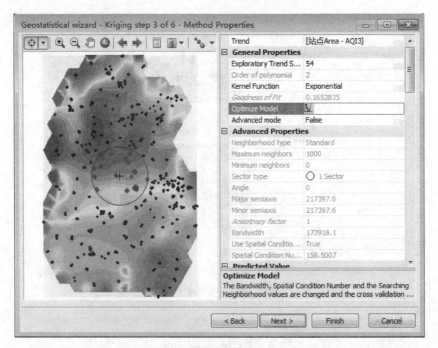

图 7.22　AQI3 的全局趋势图

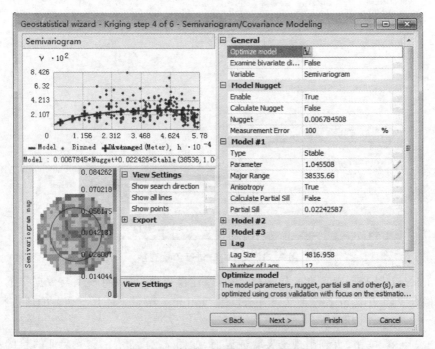

图 7.23　变异函数/协方差建模界面

点击"Finish"按钮，AQI3 的普通克里金插值图（见图 7.25），将在 ArcMap 中显示为最上面的图层（Kriging），点击图层的名称，然后将名称更改为 AQIKring，右击 AQIKring 图层，然后点击属性，再点击范围选项卡。在范围设置中，指定 Area 的矩形范围，然后点

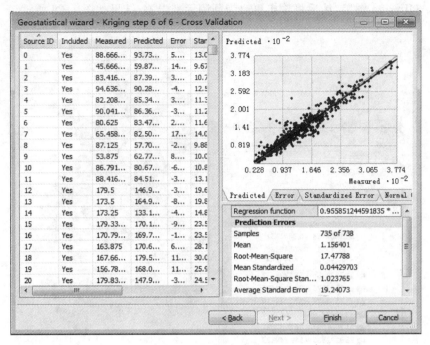

图 7.24 交叉验证界面 1

击"OK"按钮。

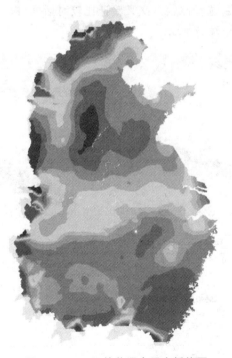

图 7.25 AQI3 的普通克里金插值图

将站点 Area 图层拖到内容列表的顶部,这样便可以看到插值表面上的点。右击所创建的 AQIKring 图层,然后将输出更改为预测标准误差,结果如图 7.26 所示。

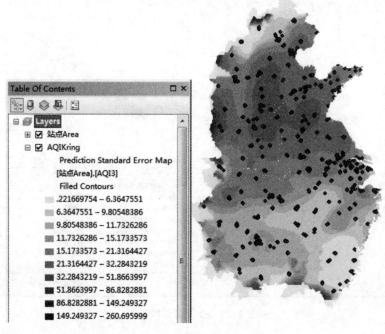

图 7.26 预测标准误差图

右击 AQIKring 图层,选择比较。交叉验证比较对话框将显示,并自动比较普通克里金插值和 IDW 插值,如图 7.27 所示。

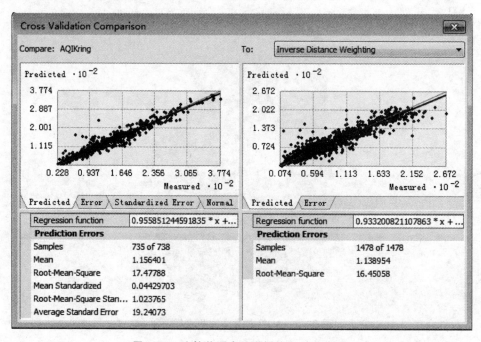

图 7.27 比较普通克里金插值和 IDW 插值

问题3：请根据图7.27所示的交叉验证结果，说明普通克里金插值和IDW插值哪一个的结果更好。

关闭交叉验证比较对话框。

5. 指示克里金插值

AQI超过300即为严重污染，识别中严重污染区对决策过程的作用比较重要。但是由于预测的不确定性，同时为了支持决策过程，可以使用Geostatistical Analyst来对臭氧值超出阈值的概率进行制图。

在Geostatistical Analyst工具条上，点击Geostatistical Analyst，选择Geostatistical Wizard。在Methods列表框中，点击Kriging/CoKriging，选择Indicator，然后点击站点Area，字段属性选择AQI3，点击"Next"按钮。

如图7.28所示，点击指示克里金法，请注意概率图已选为输出类型，阈值设置为默认。

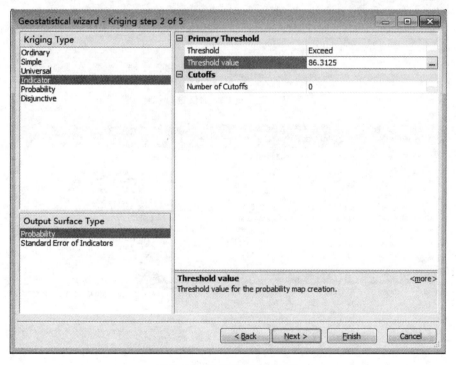

图7.28 选择指示克里金法

点击"Next"按钮，将Anisotropy改为True，点击Optimize model对Lag Size的值进行优化，如图7.29所示。

点击"Next"按钮，直到出现交叉验证界面为止，如图7.30所示。直线表示阈值线。阈值线左侧各点的指示变换值为0，而阈值线右侧各点的指示变换值为1。点击以选择表中指示变换值为0的一行。所选点将在蓝色阈值线左侧的散点图中以绿色显示，图中绿色的点表明预测值与指示值完全相同。

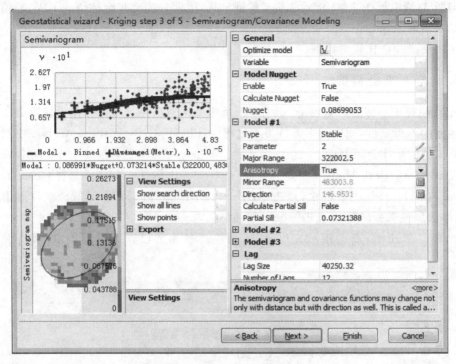

图 7.29 对 Lag Size 的值进行优化

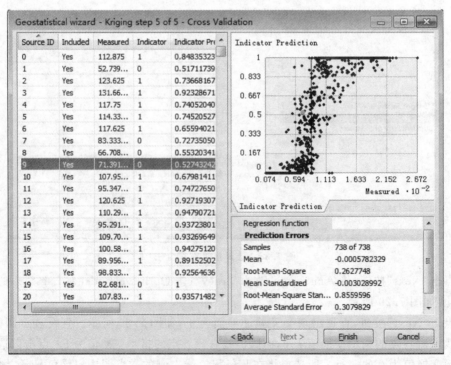

图 7.30 交叉验证界面 2

点击"Finish"按钮。概率图将在 ArcMap 中显示为最上面的图层。点击图层的名称,然后将名称更改为 Indicator Kriging,右击 Indicator Kriging 图层,然后点击属性,再点击范围选项卡。在范围设置中,指定 Area 的矩形范围,然后点击"OK"按钮。Indicator Kriging 图层显示指示预测值,这些值被解释为 2017 年 12 月 3 日的 AQI 浓度超过阈值 86.3125 的概率,如图 7.31 所示。

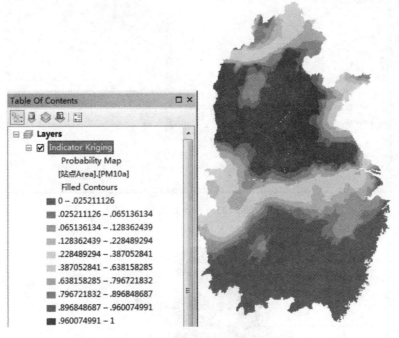

图 7.31　AQI3 的指示克里金插值图

如图 7.32 所示,拖动 Indicator Kriging 图层,使其在站点 Area 和 AQIKring 图层之间。

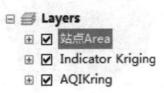

图 7.32　图层拖动显示结果

右击 Indicator Kriging 图层并点击属性,点击范围选项卡,然后设置范围,以指定 Area 的矩形范围,依次点击应用、符号系统选项卡,然后取消选中填充的等值线选项,选中等值线选项,最后点击分类。在分类对话框中,将方法更改为相等间隔,然后将类别更改为 5,如图 7.33 所示。

点击"OK"按钮,然后再次点击"OK"按钮,结果如图 7.34 所示。

练习 1:对站点 Area 中的 PM10_3 进行直方图探索,并实现 IDW 插值、普通克里金插值、指示克里金插值。

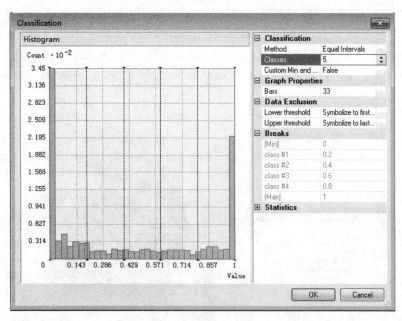

图7.33 分类对话框

图7.34 结果图

四、实验报告要求

(1)完成实验报告,包括实验原理、过程和结果。

(2)回答实验中提出的问题。

(3)完成练习1,并通过PPT展示结果。

实验八 回归分析

一、实验目的

(1)了解回归分析的原理。
(2)掌握 ArcGIS 中普通最小二乘回归的方法和步骤。
(3)能对最小二乘回归结果进行分析。

二、实验准备

1. 软件准备

确保计算机已正确安装了 ArcGIS Desktop 10.x 软件。

2. 数据准备

站点坐标 1.shp。

3. 预备知识

回归分析用来认识和描述数据,探索自变量和因变量之间的因果关系及通过自变量的取值来预测因变量的结果。普通最小二乘法(OLS)是所有回归方法中最著名的方法。每个自变量都与一个描述该变量与因变量之间关系强度和符号的回归系数相关联。回归方程的可能形式如下:

$$y = \beta_0 + \beta_1 X_1 + \beta_2 X_2 + \cdots + \beta_n X_n + \varepsilon$$

其中:y 是因变量;X 是解释变量;β 是回归系数;残差为因变量无法解释的部分,该部分在回归方程中表示为随机误差项 ε。回归方程中的残差可用于确定模型的拟合程度,残差较大表明模型拟合效果较差。

三、实验内容及步骤

在 ArcMap 中加载站点坐标 1 数据,依次选择 ArcGIS Toolbox、Modeling Spatial Relationships、Ordinary Least Square。在 Ordinary Least Square 对话框中将输入要素设为站点坐标1,唯一字段设为 OBJECTID,输出要素设为 AQI_OLS,因变量为 AQI3,自变量为 PM10_3、SO2_3,输出报表文件名为 OLS_report。点击"OK"按钮,弹出分析结果,这些信息会输出到 OLS_report.pdf 报表中。打开报表,对里面的内容进行分析。

第一部分内容为评估模型中的每一个解释变量,如表 8.1 所示,具体包括以下内容。
Coefficient:系数,能反映它与因变量之间的关系强度,也反映它与因变量之间的关系类型。当与系数关联的符号为负时,该系数与因变量为负向关系;当与系数关联的符号为正时,该系数与因变量为正向关系。

StdError:回归系数的标准差,该值越小表示模型的预测越准确。

t-Statistic:T 统计量,用来评估某个解释变量是否具有统计显著性,t-Statistic 也称为平均值或标准误。

Probability:概率。

Robust_SE,Robust_t 和 Robust_Pr [b]:这三个字段分别表示标准差的健壮度、T 统计量的健壮度和概率的健壮度,在统计学里面,Robust Test 通常翻译为稳健性检验,一般来说,就是通过修改(增加或者删除)变量值,看所关注解释变量的回归系数和结果是否稳健。

VIF(Variance Inflation Factor):方差膨胀因子,这要验证解释变量里面是否有冗余变量(即是否存在多重共线性)。一般来说,只要 VIF 超过 7.5,就表示该变量有可能是冗余变量,解释变量应逐一从回归模型中移除。

表 8.1 OLS_report 报告内容 1

Variable	Coefficient [a]	StdError	t-Statistic	Probability [b]	Robust_SE	Robust_t	Robust_Pr [b]	VIF [c]
Intercept	8.887033	0.767277	11.582556	0.000000*	0.743398	11.954615	0.000000*	—
PM10_3	0.853639	0.006160	138.588442	0.000000*	0.008907	95.834426	0.000000*	1.185838
SO2_3	−0.065529	0.021038	−3.114725	0.001890*	0.022483	−2.914604	0.003623*	1.185838

第二部分内容为评估模型是否具有显著性,如表 8.2 所示,具体包括以下内容。

Number of Observations:观测值的数量。

Multiple R-Squared:多重 R 平方系数,取值为 0~1,值越高,模型拟合效果越好。

Joint F-Statistic 为联合 F 统计量,Prob(>F) degrees of freedom 为统计量的可信概率的自由度;Joint Wald Statistic 为联合卡方统计量,Prob(>chi-squared) degrees of freedom 为卡方统计量的可信概率的自由度。联合 F 统计量和联合卡方统计量均用于检验整个模型的统计显著性。Koenker(BP)统计量用于确定模型的解释变量是否在地理空间和数据空间中都与因变量具有一致的关系。如果模型在地理空间中一致,由解释变量表示的空间进程在研究区(进程稳态)各位置处的行为也将一致。如果模型在数据空间中一致,则预测值与每个解释变量之间关系的变化不会随解释变量值的变化而变化(模型不存在异方差性)。在 Koenker(BP)统计量具有显著性的时候,联合卡方统计量决定模型的显著性。在 Koenker(BP)统计量不具有显著性的时候,联合 F 统计量才有可信性。

Jarque-Bera 统计量用于指示残差(已观测/已知的因变量值减去预测/估计值)是否呈正态分布。该检验的零假设为残差呈正态分布,因此,如果为这些残差建立直方图,这些残差的分布将与典型钟形曲线或高斯分布相似。如果发现模型的偏差非正态,则表示模型可能出现了偏差。

表 8.2 OLS_report 报告内容 2

Input Features	站点坐标 1	Dependent Variable	AQI_3
Number of Observations	1480	Akaike Information Criterion (AICc) [d]	12310.089506
Multiple R-Squared [d]	0.938095	Adjusted R-Squared [d]	0.938012
Joint F-Statistic [e]	11191.164324	Prob(>F), (2,1477) degrees of freedom	0.000000*
Joint Wald Statistic [e]	10516.543651	Prob(>chi-squared), (2) degrees of freedom	0.000000*
Koenker (BP) Statistic [f]	128.484113	Prob(>chi-squared), (2) degrees of freedom	0.000000*
Jarque-Bera Statistic [g]	4704.196658	Prob(>chi-squared), (2) degrees of freedom	0.000000*

输出报表文件的第一部分显示模型中每个变量的分布的直方图,以及显示因变量与每个解释变量之间关系的散点图,如图 8.1 所示。如果模型存在偏差(通过具有统计显著性的 Jarque-Bera 统计量指示),则可查找直方图之间的偏差分布,并尝试变换这些变量,以查看这是否可以消除偏差并改善模型性能。散点图将显示哪些变量是最好的预测因子。这些散点图还可用于检查变量之间的非线性关系。在某些情况下,变换一个或多个变量将修复非线性关系并消除模型偏差。数据中的异常值也可导致模型偏差。可查看直方图和散点图了解这些数据值和/或数据关系。尝试运行具有和不具有异常值的模型,了解它们对结果的影响程度。

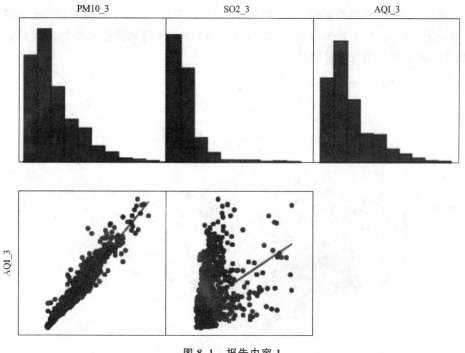

图 8.1 报告内容 1

输出报表文件的第四部分为模型偏高和偏低预计值的直方图,如图 8.2 所示。

如果呈现正态分布,则表示此模型的的表现比较优异,如果出现了严重的偏态,那么说明模型是有问题的。

输出报表文件的第五部分的图表显示异方差性是否存在问题,如图 8.3 所示。

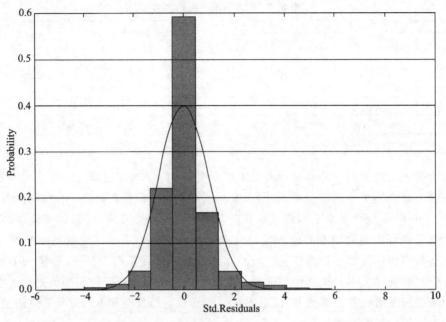

图 8.2 报告内容 2

从理论上来说,预测值和残差值应该没有任何相关性,因为任何预测和残差的情况的产生都是随机的,这样才是最优的,如果出现了相关性,就表示某些残差的出现是有规律的,这样就表示模型出现了偏差。

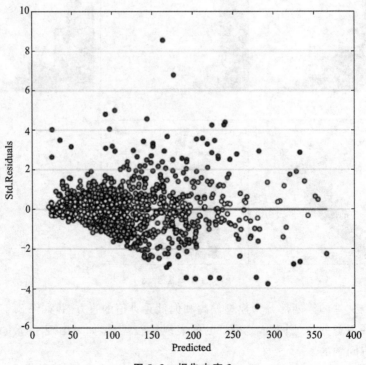

图 8.3 报告内容 3

问题 1：请给出 AQI_3、PM10_3 与 SO2_3 的数学表达式。

练习 1：从报表结果中可以看出 SO2_3 与 AQI_3 相关系数为—0.065529，通过了显著性检验，但是从散点图可以看到 SO2_3 和 AQI_3 为正相关，二者是矛盾的。请分别对 SO2_3 与 AQI_3、PM10_3 与 AQI_3 进行 Ordinary Least Square 操作，并根据结果分析哪个模型效果更好。

四、实验报告要求

(1) 完成实验报告，包括实验原理、过程和结果。
(2) 回答实验中提出的问题。
(3) 完成练习 1，并通过 PPT 展示结果。

实验九 地理加权回归(GWR)

一、实验目的

(1)了解地理加权回归的基本原理。
(2)掌握 ArcGIS 中地理加权回归的操作步骤。
(3)能对地理加权回归的结果进行正确的解释并根据结果调整模型。

二、实验准备

1. 软件准备

确保计算机已正确安装了 ArcGIS Desktop 10.x 软件。

2. 数据准备

站点 Area.shp。

3. 预备知识

GWR 是用来量化空间异质性的。将落在每个目标要素的带宽范围内的要素的因变量和解释变量进行合并。带宽的形状和大小取决于用户输入的核类型、带宽方法、距离,以及相邻点的数目等参数。将地理位置作为全局模型中的参数加入建模和运算,在回归的时候,空间关系作为权重加入到运算中。空间权重矩阵是通过空间关系概化计算出来的,在 GWR 系统中,能够选择的只有距离方法。对应图 9.1 中的序号,ArcGIS 中的 GWR 工具的参数如下。

①输入要素。不能是多点要素,不要使用虚拟变量,尽量使用投影坐标系。
②因变量字段。
③解释变量(自变量)字段。
④输出要素。
⑤核的类型。ArcGIS 只提供了高斯核函数,其中 FIXED 为固定距离法,按照一定的距离来选择带宽,创建核表面。ADAPTIVE 为按照要素样本分布的疏密,来创建核表面,如果要素分布紧密,则核表面覆盖的范围小,反之则大。
⑥核带宽。其中,CV 为通过交叉验证法来决定最佳带宽;AIC 为通过最小信息准则来决定最佳带宽;BANDWIDTH_PARAMETER 用于确定宽度或者邻近要素数目。
⑦距离(可选)。设定的带宽距离单位,是要素类的空间参考中的单位。
⑧邻近要素的数目(可选)。核类型为 ADAPTIVE,且核带宽为 BANDWIDTH_PARAMETER 的时候,此参数才为可用。

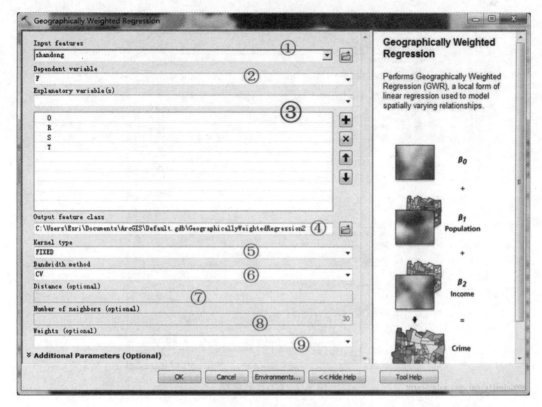

图 9.1 GWR 工具参数

⑨权重字段(可选)。可对每个要素设置独立的权重,把这个将要设定的权重写入一个字段。

三、实验内容及步骤

在 ArcMap 中加载站点 Area,依次选择 ArcGIS Toolbox、Modeling Spatial Relationships、Geographically Weighted Regression,如图 9.2 所示。

点击"OK"按钮,输出模型的要素类残差图(AQI_GWR,见图 9.3)和以_supp 为后缀的辅助表(AQI_GWR_supp)。

打开 AQI_GWR_supp 表格,它控制模型的平滑程度,属性值如图 9.4 所示。

ResidualSquares:这是指模型的残差平方和(残差为观测所得 y 值与 GWR 模型所返回的 y 值估计值之间的差值)。此测量值越小,GWR 模型越拟合观测数据。

EffectiveNumber:此值反映了拟合值的方差与系数估计值的偏差之间的折中,它的值与带宽的选择有关。

Sigma:此值为正规化剩余平方和(剩余平方和除以残差的有效自由度)的平方根,它是残差的估计标准差。此统计值越小越好。

AICc:这是模型性能的一种度量,有助于比较不同的回归模型。考虑到模型的复杂性,具有较低 AICc 值的模型将更好地拟合观测数据。

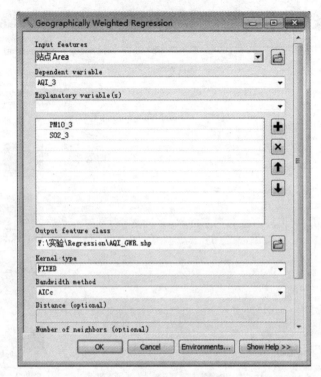

图 9.2 GWR 对话框

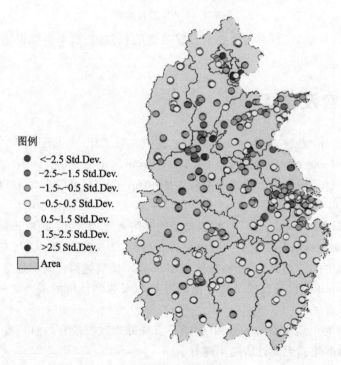

图 9.3 GWR 残差图

实验九 地理加权回归(GWR)

OBJECTID *	VARNAME	VARIABLE	DEFINITION
1	Bandwidth	80969.470639	
2	ResidualSquares	111355.313986	
3	EffectiveNumber	190.03505	
4	Sigma	14.229445	
5	AICc	6188.280785	
6	R2	.967367	
7	R2Adjusted	.956150	
8	Dependent Field	0	AQI3
9	Explanatory Field	1	PM10a2
10	Explanatory Field	2	SO4a

图9.4 AQI_GWR_supp 表格

R2：R 平方是拟合度的一种度量，其值在 0.0～1.0 范围内变化，值越大越好。

用 Identify 工具点击 AQI_GWR 图层中的任意一个点，在弹出的对话框中可以看到多个字段，如图 9.5 所示。

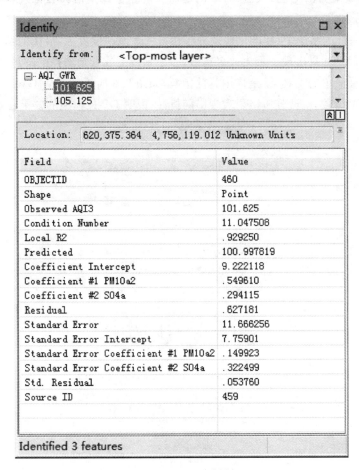

图9.5 Identify 对话框

Observed：因变量的观测值，指原始数据中的因变量字段的值。

Condition number：条件数，这个数值用于系统诊断评估局部多重共线性。与大于 30 的条件数相关联的结果可能不可靠。

Local R2：此值的范围是 0.0～1.0，表示局部回归模型与观测所得 y 值的拟合程度。如果此值非常低，则表示局部模型性能不佳。映射此值可以查看 GWR 预测的哪些位置较准确和哪些位置不准确，可为获知可能在回归模型中丢失的重要变量提供相关线索。

Predicted：这些值是由 GWR 系统计算所得的估计（或拟合）y 值。

Residual：残差，即观测值与预测值的差。

Standard Error：标准误，是在用样本统计量去推断相应的总体参数（常见如均值、方差等）时，一种估计的精度。

Standard Error Intercept：标准误的截距，指标准差与 y 轴的交点。

Std. Residual：标准化残差，这个值是 ArcGIS 进行 GWR 分析之后，给出的默认可视化结果。标准化残差的平均值为零，标准差为 1。在 ArcMap 中执行 GWR 系统时，自动将标准化残差渲染为由冷色到暖色渲染的地图。对超过 2.5 倍标准化残差的地方进行核查，看是否存在问题。

在 GWR 系统的结论中，标准化残差分布在每一个地理位置上，最优的情况是呈现完美的随机分布。但是如果出现了聚集或者离散，多半是模型或者是选择的解释因子出了问题。判定数据分布最简单的工具，就是采用莫兰指数，如图 9.6 所示的是对 GWR 系统的标准化残差进行的莫兰指数分析，分析结果表现出随机性，说明 GWR 模型的效果还不错。

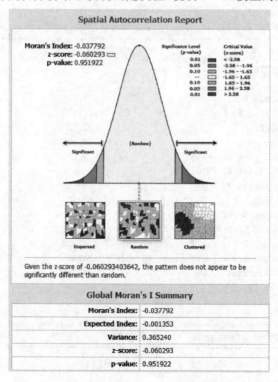

图 9.6　GWR 标准化残差的莫兰指数

问题 1:请根据模型的 AIC 值分析 OLS 模型和 GWR 模型哪个模型的效果更好。

练习 1:请分别对 SO2_3 与 AQI_3、PM10_3 与 AQI_3 进行 GWR 操作,并根据结果分析哪个模型的效果更好。

四、实验报告要求

(1)完成实验报告,包括实验原理、过程和结果。
(2)回答实验中提出的问题。
(3)完成练习 1,并通过 PPT 展示结果。

实验十　空间回归分析

一、实验目的

(1)了解空间回归分析的基本原理。
(2)熟悉 GeoDa 软件中的 Classic 模型、空间滞后模型,及空间误差模型的基本操作。
(3)能对回归结果进行正确解释及根据结果调整模型。

二、实验准备

1.软件准备

确保计算机已正确安装了 Geoda 软件。

2.数据准备

站点坐标 1.shp。

3.预备知识

传统的统计模型是基于假设数据独立、均匀分布的前提下建立的,空间相关性的存在违背了这一原则。因此,在进行空间相关性分析后,如果表明空间效应发挥了作用,那么必须将其考虑到模型的建立中。空间常系数模型是在传统的计量模型基础上考虑空间效应建立的模型,其中,空间滞后模型(Spatial Lag Model,SLM)可用来探讨变量在一地区是否有扩散现象,空间误差模型(Spatial Error Model,SEM)可用来度量邻近地区因变量的误差冲击对本地区观察值的影响程度。Anselin 给出了其通用形式为

$$y = \rho W_{1y} + x\beta + \xi$$
$$\xi = \lambda W_2 \xi + \varepsilon \tag{1}$$
$$\varepsilon \sim N(0, \sigma^2 I_n)$$

其中:y 为因变量;W_{1y}、W_2 为空间权重矩阵;ρ 为 W_{1y} 的参数;x 为自变量;ε 为随机项误差;λ 为自回归参数。

本研究选择相邻性方法确定空间权重矩阵,表达式为

$$W_{ij} = \begin{cases} 0, \text{区域 } i \text{ 和区域 } j \text{ 不相邻} \\ 1, \text{区域 } i \text{ 和区域 } j \text{ 相邻} \end{cases} \tag{2}$$

当 $\rho=0$ 和 $\lambda=0$ 时,式(1)变为一般的线性回归模型:

$$y = x\beta + \varepsilon \tag{3}$$

当 $\lambda=0$ 时,式(1)变为空间滞后模型:

$$y = \rho W_{1y} + x\beta + \varepsilon \tag{4}$$

当 $\rho=0$,式(1)变为空间误差模型:
$$y = x\beta + \lambda W_2 \xi + \varepsilon \tag{5}$$

为确定 SLM 和 SEM 哪个模型更适合模拟 PM2.5,需要分析用最小二乘法估计结果的拉格朗日乘数形式 LMERR、LMLAG,及其稳健的 R-LMERR、R-LMLAG。Anselin 和 Florax 提出判别准则:如 LMLAG 比 LMERR 在统计上显著,且 R-LMLAG 显著而 R-LMERR 不显著,则选用 SLM 模型;如 LMERR 比 LMLAG 在统计上显著,且 R-LMERR 显著而 R-LMLAG 不显著,则选用 SEM 模型。建模流程如图 10.1 所示。

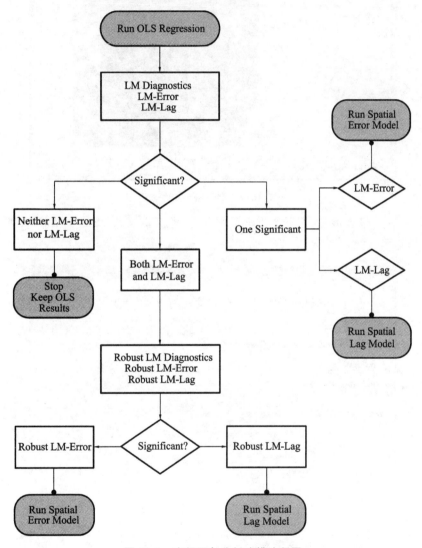

图 10.1 空间回归分析建模流程图

三、实验内容及步骤

加载站点坐标 1.shp 数据,并为这些点创建一个 Thiessen 多边形文件,命名为

Thiessen.shp。关闭文件后重新打开 Thiessen.shp，这是因为 GeoDa 一次只能处理一个图层。在 Thiessen 图层上右击 Shape Centers，选择 Display Centroids。结果如图 10.2 所示。

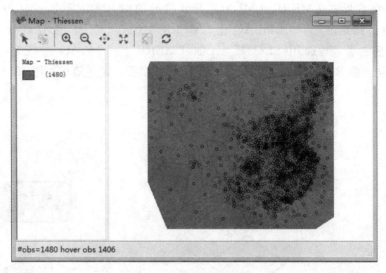

图 10.2 Thiessen 多边形

用 Thiessen 多边形创建一个 Rook 邻接空间权重文件（Station.gal），如图 10.3 所示。

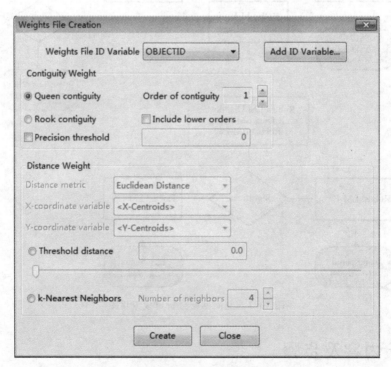

图 10.3 Rook 邻接空间权重文件的创建

1. Classic 模型

如图 10.4 所示，在主菜单中选择 Regression，选择 AQI_3 作为因变量，PM10_3 和 SO2_3 作为自变量。为了查看空间自相关的诊断，要确保在运行回归前在对话框中选择了一个权重文件，本实验中选择的为 Station.gal 文件，模型为 Classic。

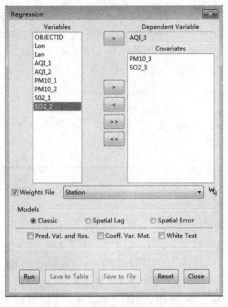

图 10.4　Classic 模型参数设置

点击"Save to Table"按钮，OLS_PREDIC 预测值和 OLS_RESIDU 残差将保存在 Thiessen 的表中，如图 10.5 所示。

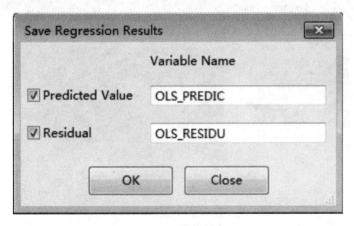

图 10.5　变量保存

点击"Save to File"按钮，将把输出结果保存为文本文件，命名为 report.txt。

点击"Run"按钮，执行估计，结果报告出现，如图 10.6 所示。回归的结果与在 ArcGIS 中采用 OLS 工具的结果是一样的，因为都是采用最小二乘法进行的估值。将报告关闭。

```
REGRESSION
----------
SUMMARY OF OUTPUT: ORDINARY LEAST SQUARES ESTIMATION
Data set            : Thiessen
Dependent Variable :    AQI_3 Number of Observations: 1480
Mean dependent var :    99.791 Number of Variables :     3
S.D. dependent var :    62.0689 Degrees of Freedom  : 1477
R-squared          :    0.938095 F-statistic        :    11191.2
Adjusted R-squared :    0.938012 Prob(F-statistic)  :    0
Sum squared residual:   352965 Log likelihood      :   －6151.03
Sigma-square       :    238.974 Akaike info criterion :   12308.1
S.E. of regression :    15.4588 Schwarz criterion   :   12324
Sigma-square ML    :    238.49
S.E of regression ML:   15.4431
--------------------------------------------------------------------------------
    Variable   Coefficient   Std.Error   t-Statistic Probability
--------------------------------------------------------------------------------
    CONSTANT    8.88703      0.767277    11.5826      0.00000
    PM10-3      0.853639     0.00615952  138.588      0.00000
    SO2-3      －0.0655285   0.0210383   －3.11473    0.00188
```

图 10.6 报告 1

最有用的残差地图是标准差地图,如图 10.7 所示,它可清晰显示高估或低估的模式,特别是超过了 2 倍标准差的值。依次选择 Map、Standard Deviation Map,选择 OLS-RESIDU 作为变量。

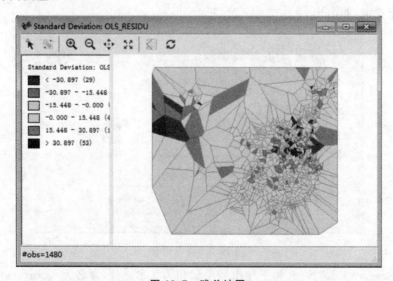

图 10.7 残差地图

利用 Explore 工具里的散点图,可以查看模型残差散点图,其以 OBJECTID 为 x 变量,OLS_RESIDU 为 y 变量。以 OLS_PREDIC 为 x 变量、以 OLS_RESIDU 为 y 变量的

图,是预测值相对于残差的图。两图如图 10.8 所示。残差散点图可用于探测异方差性。绘制散点图是为了确认模型是否正确。两个散点图的 R2 都为零,表明模型不存在异方差。

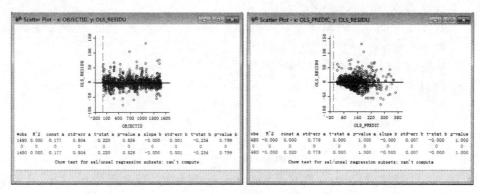

图 10.8 残差散点图

残差的空间模式可以通过 Moran 散点图来判断。依次点击 Space、Univariate Moran,变量为 OLS_RESIDU,权重矩阵为 Station.gal。如图 10.9 所示,Moran's I 指数约为 0.34,表明残差在空间上呈聚集分布。

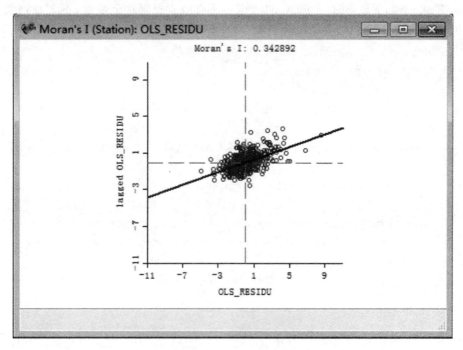

图 10.9 Moran 散点图

打开 report.txt 查看诊断报告,如图 10.10 所示。回归诊断部分里的 MULTICOLLINEARITY CONDITION NUMBER 可用来看多重共线性数目,超过 30 则说明有多重共线问题。误差正态性的 Jarque-Bera 检验的分布同 χ^2 统计量一样,自由度为 2,当前的模型违反这一假设。Breusch-Pagan test 和 Koenker-Bassett test 是探测异方差性常用的统计量。

```
REGRESSION DIAGNOSTICS
MULTICOLLINEARITY CONDITION NUMBER 3.978604
TEST ON NORMALITY OF ERRORS
TEST            DF       VALUE       PROB
Jarque-Bera     2        4704.1967   0.00000
DIAGNOSTICS FOR HETEROSKEDASTICITY
RANDOM COEFFICIENTS
TEST                DF       VALUE       PROB
Breusch-Pagan test  2        565.7123    0.00000
Koenker-Bassett test 2       109.0708    0.00000
```

图 10.10　报告 2

如图 10.11 所示，对于空间自相关诊断，Moran's I 统计量高度为 0.3429，暗示存在着空间自相关的问题。诊断结果中给出了 5 个拉格朗日乘数检验统计量。Lagrange Multiplier (lag)和 Robust LM (lag)针对空间滞后模型，Lagrange Multiplier (error)和 Robust LM (error)针对空间误差模型。Lagrange Multiplier 是关于空间滞后和空间误差模型的高次选择。当标准形式(LM-Lag or LM-Error)是显著的时，只需考虑统计量的 Robust 形式，当都不显著时，Robust 的值也不再有效。根据这个诊断，不太好判断究竟应该用哪个空间回归模型，我们将两个模型都进行执行。

```
DIAGNOSTICS FOR SPATIAL DEPENDENCE
FOR WEIGHT MATRIX : Station
   (row- standardized weights)
TEST                         MI/DF    VALUE       PROB
Moran's I (error)            0.3429   22.4483     0.00000
Lagrange Multiplier (lag)    1        424.1144    0.00000
Robust LM (lag)              1        165.3022    0.00000
Lagrange Multiplier (error)  1        495.0100    0.00000
Robust LM (error)            1        236.1978    0.00000
Lagrange Multiplier (SARMA)  2        660.3122    0.00000
================================END OF REPORT ===================
===============
```

图 10.11　报告 3

2. 空间滞后模型

如图 10.9 所示，在主菜单中选择 Regression，选择 AQI_3 作为因变量，PM10_3 和 SO2_3 作为自变量，权重为 Station.gal，模型为 Spatial Lag，如图 10.12 所示。

点击"Run"按钮，弹出 report.txt 文件。

点击"Save to Table"按钮，弹出如图 10.13 所示界面，LAG_PREDIC 预测值、LAG_RESIDU 残差，及 LAG_PRDERR 预测误差将保存在 Thiessen 的表中。

点击"Save to File"按钮，将文件命名为 lag.txt 并保存。如图 10.14 所示，报告第一

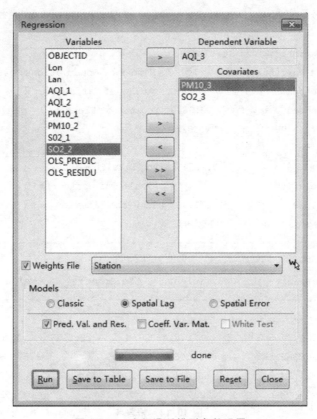

图 10.12　空间滞后模型参数设置

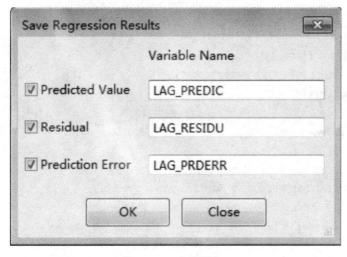

图 10.13　变量保存 1

部分可看到 Akaike info criterion(AIC)的值为 11851.7,比 OLS 的 AIC 值 12308.1 小; R^2 的值 0.955489 大于 OLS 的 0.938095,这都说明空间滞后模型优于 OLS 模型。回归结果的变量里多了一个名为 W_AQI_3 的变量,其他回归系数的显著性存在一些差异。SO2_3 没有通过显著性检验,考虑移除该变量。

```
SUMMARY OF OUTPUT: SPATIAL LAG MODEL -  MAXIMUM LIKELIHOOD ESTIMATION
Data set          : Thiessen
Spatial Weight    : Station
Dependent Variable :       AQI_3   Number of Observations: 1480
Mean dependent var :        99.791  Number of Variables  :    4
S.D. dependent var :       62.0689  Degrees of Freedom   : 1476
Lag coeff.   (Rho) :       0.330222

R-squared         :     0.955489  Log likelihood         :  —5921.85
Sq. Correlation   :—             Akaike info criterion   :  11851.7
Sigma-square      :     171.481   Schwarz criterion       :  11872.9
S.E of regression :     13.0951
-----------------------------------------------------------------------
      Variable     Coefficient   Std.Error     z-value     Probability
-----------------------------------------------------------------------
      W_AQI_3      0.330222      0.0146027     22.6137     0.00000
      CONSTANT     1.91546       0.709723      2.69888     0.00696
      PM10_3       0.607084      0.0121779     49.8515     0.00000
      SO2_3       —0.0290602     0.0178481    —1.6282      0.10348
```

图 10.14 报告 4

报告第二部分如图 10.15 所示,为异方差性 Breusch-Pagan 检验,高度显著性的值为 483.0765,表明异方差性仍然是一个严重的问题。似然比例检验(Likelihood Ratio Test) 值为 458.3563,表明了空间回归系数的强显著性。

```
REGRESSION DIAGNOSTICS
DIAGNOSTICS FOR HETEROSKEDASTICITY
RANDOM COEFFICIENTS
TEST                  DF    VALUE     PROB
Breusch-Pagan test    2     483.0765  0.00000


DIAGNOSTICS FOR SPATIAL DEPENDENCE
SPATIAL LAG DEPENDENCE FOR WEIGHT MATRIX : Station
TEST                  DF    VALUE     PROB
Likelihood Ratio Test 1     458.3563  0.00000
```

图 10.15 报告 5

在空间滞后模型中,必须区别用于进一步诊断检查的模型残差和预测误差。后者是观测值与预测值之差,是只考虑外因变量而得到的。为 LAG_RESIDU 和 LAG_PRDERR 创建 Moran 散点图,权重文件为 Station.gal。空间滞后模型的残差的 Moran's I 值为 0.172976,比 OLS 模型的残差的 Moran's I 值 0.342892 小,消除了部分空间自相关性,但是 LAG_PRDERR 统计量为 0.376201,比原始 OLS 模型的残差还大,如图

10.16所示。

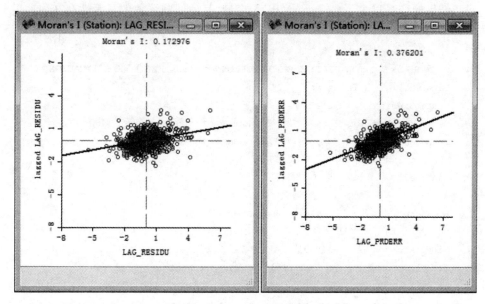

图 10.16　Moran 散点图

3. 空间误差模型

在主菜单中选择 Regression,选择 AQI_3 作为因变量,PM10_3 和 SO2_3 作为自变量,权重为 Station.gal,模型为 Spatial Error。

点击"Run"按钮,弹出 report.txt 文件。

点击"Save to Table"按钮,ERR_PREDIC 预测值、ERR_RESIDU 残差,及 ERR_PRDERR 预测误差将保存在 Thiessen 的表中。如图 10.17 所示。

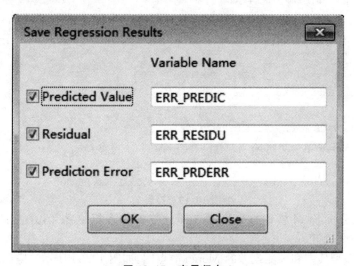

图 10.17　变量保存 2

点击"Save to File"按钮,文件保存为 Err.txt。如图 10.18 所示,报告第一部分里的

AIC 值为 11828.8,小于 SLM 的 11851.7,R^2 值为 0.961450,是所有模型中拟合度最大的。回归结果的变量里多了一个 LAMBDA 变量,其他回归系数的显著性存在一些差异。SO2_3 没有通过显著性检验,考虑移除该变量。

```
----------
SUMMARY OF OUTPUT: SPATIAL ERROR MODEL-MAXIMUM LIKELIHOOD ESTIMATION
Data set            : Thiessen
Spatial Weight      : Station
Dependent Variable  :    AQI_3  Number of Observations: 1480
Mean dependent var  :  99.790952 Number of Variables   :    3
S.D. dependent var  :  62.068882 Degrees of Freedom    : 1477
Lag coeff. (Lambda) :   0.785451

R-squared           :  0.961450  R-squared (BUSE)      :—
Sq. Correlation     :—           Log likelihood        :- 5911.412631
Sigma-square        :  148.517   Akaike info criterion :  11828.8
S.E of regression   :  12.1868   Schwarz criterion     :  11844.7
----------------------------------------------------------------

   Variable    Coefficient   Std.Error    z-value   Probability
----------------------------------------------------------------
   CONSTANT       22.5999     1.87097     12.0793    0.00000
   PM10_3        0.705449    0.0106005    66.5488    0.00000
   SO2_3         0.0442375   0.024728     1.78896    0.07362
   LAMBDA        0.785451    0.0195939    40.0865    0.00000
----------------------------------------------------------------
```

图 10.18 报告 6

报告第二部分如图 10.19 所示。

```
REGRESSION DIAGNOSTICS
DIAGNOSTICS FOR HETEROSKEDASTICITY
RANDOM COEFFICIENTS
TEST                    DF    VALUE      PROB
Breusch-Pagan test       2    506.9452   0.00000


DIAGNOSTICS FOR SPATIAL DEPENDENCE
SPATIAL ERROR DEPENDENCE FOR WEIGHT MATRIX : Station
TEST                    DF    VALUE      PROB
Likelihood Ratio Test    1    479.2371   0.00000
```

图 10.19 报告 7

问题 1:请分析 SEM 模型报告里第二部分的参数诊断的含义,并说明 SEM 模型和 SLM 模型哪一个更好。

分别创建模型残差和预测误差的 Moran 散点图,如图 10.20 所示。空间误差模型残差的 Moran's I 值为 -0.0555124,说明消除了部分空间自相关性,但是 ERR_PRDERR 统计量为 0.592874,比原始 OLS 模型的残差大很多。根据上面的分析结果,考虑将 SO2_3 变量移除进行建模。

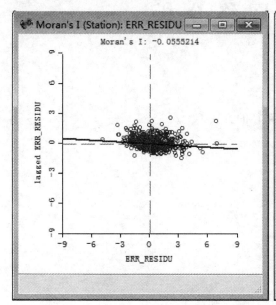 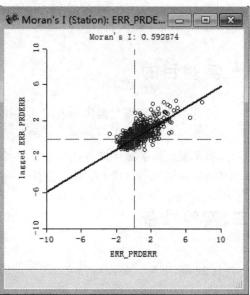

图 10.20 模型残差和预测误差的 Moran 散点图

练习 1：请建立 AQI_3 与 PM10_3 的空间回归模型，并结合报告及残差的 Moran 散点图分析哪一个模型效果更好。

四、实验报告要求

（1）完成实验报告，包括实验原理、过程和结果。
（2）回答实验中提出的问题。
（3）完成练习 1，并通过 PPT 展示结果。

实验十一 网络分析

一、实验目的

(1)掌握创建网络数据集和使用其查找路径的方法。
(2)掌握查找网络中的最近要素的方法。
(3)掌握计算服务区的方法。
(4)掌握创建 OD 成本矩阵的方法。

二、实验准备

1. 软件准备

确保计算机已正确安装了 ArcGIS Desktop10.x 软件。

2. 数据准备

SanFrancisco.gdb、SanDiego.gdb、Paris.gdb。

3. 预备知识

1)网络数据集

网络数据集由包含了简单要素（线和点）和转弯要素的源要素创建而成，而且存储了源要素的连通性。多模式网络数据集更复杂，如在网络中包含了公路、铁路和公交网。网络元素共分为三种类型：边用于连接其他元素（交汇点），可表示行驶时经过的链接；交汇点是多条边的交点，使边与边之间的导航变得更容易；转弯用于存储可影响两条或多条边之间的移动的信息。线要素类可用作边元素的源，而点要素类可用于生成交汇点元素。转弯元素可根据转弯要素类来创建。生成的交汇点、边和转弯元素将组成基础图表（即网络）。

2)网络属性

网络属性是控制网络可穿越性的网络元素的属性。属性示例包括：指定道路长度情况下的行驶时间、哪些街道限制哪些车辆的通过、沿指定道路行驶的速度，以及哪些街道是单行道。网络有五个基本属性：名称、使用类型、单位、数据类型和默认。此外，它们还具有一组定义元素值的指定项，具体包括以下几项。

使用类型指定在分析过程中使用属性的方式，属性可以被标识为成本、描述符、约束条件或等级。成本属性的单位是距离或时间单位（例如 cm、m、min 和 s）。描述符、等级和约束条件的单位是未知的。

数据类型可以是布尔型、整型、浮点型，或双精度型。成本属性不能是布尔型的，约束条件始终为布尔型的,而等级始终是整型的。

默认情况下,将自动在新创建的网络分析图层上设置这些属性。如果成本、约束条件或等级属性设置为在默认情况下使用,那么在网络数据集上创建的网络分析图层将被设置为自动使用该属性。网络数据集中只有一个成本属性可以设置为在默认情况下使用,描述符属性无法在默认情况下使用。

3) 设计网络数据集

包括选择源工作空间、识别源及其在网络中充当的角色、构建连通性、定义属性并指定属性值。

三、实验内容及步骤

1. 创建网络数据集

1) 用 SanFrancisco 中的街道要素和转弯要素创建一个网络数据集

依次选择开始、所有程序、ArcGIS、ArcCatalog、Customize、Extensions,勾选 Network Analyst,如图 11.1 所示,点击"Close"按钮。

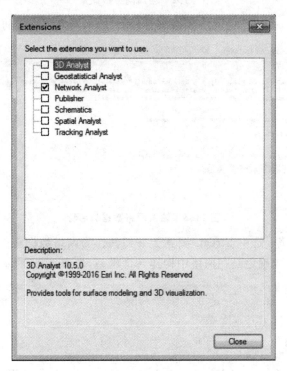

图 11.1 勾选 Network Analyst

点击 Catalog Tree,右击 Folder Connections,将打开连接到文件夹对话框,选择数据存放目录 Network Analyst,依次选择 Tutorial、Exercise01、SanFrancisco.gdb。如图 11.2 所示,右击 Transportation,创建网络数据集。

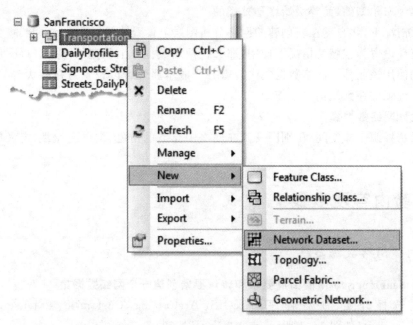

图 11.2　创建网络数据集

如图 11.3 所示,打开新建网络数据集对话框,输入网络数据集的名称为 Streets_ND。

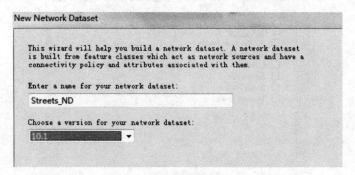

图 11.3　输入网络数据集名称

点击"Next"按钮。选中 Streets 要素类并将其作为网络数据集的源。点击"Next"按钮,点击"Yes"按钮,以确定是在网络中构建转弯模型,如图 11.4 所示。

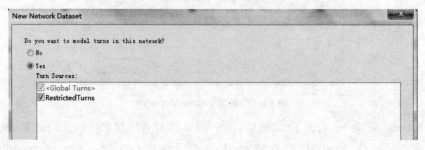

图 11.4　确定构建转弯模型

点击"Next"按钮,选择 Connectivity 选项,打开连通性对话框,如图 11.5 所示。可在此处为该网络数据集设置连通性模型。对于此 Streets 要素类,所有街道在端点处相互连接。

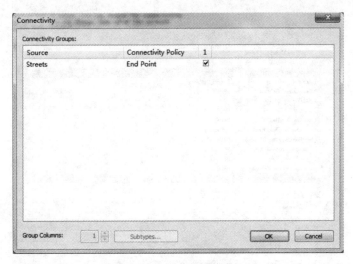

图 11.5　网络连通性模型

点击"OK"按钮,返回新建网络数据集向导,如图 11.6 所示,点击"Next"按钮。因为 Streets 数据带高程字段,因此要确保选择使用高程字段选项。Streets 要素类具有整数形式的逻辑高程值,存储在 F_ELEV 和 T_ELEV 字段中。例如,如果两个重合端点的字段高程值为 1,则边会连接。但是,如果一个端点的值为 1,而另一个重合端点的值为 0,边将不会连接。只有整型字段可以用作高程字段。

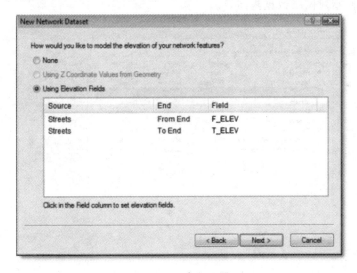

图 11.6　高程设置

点击"Next"按钮,出现交通流量数据界面,如图 11.7 所示。流量数据提供的是有关特定路段上的行驶速度是如何随时间变化而变化的信息。这在网络分析中很重要,因为流量影响着行驶时间,而行驶时间又会影响到分析结果。

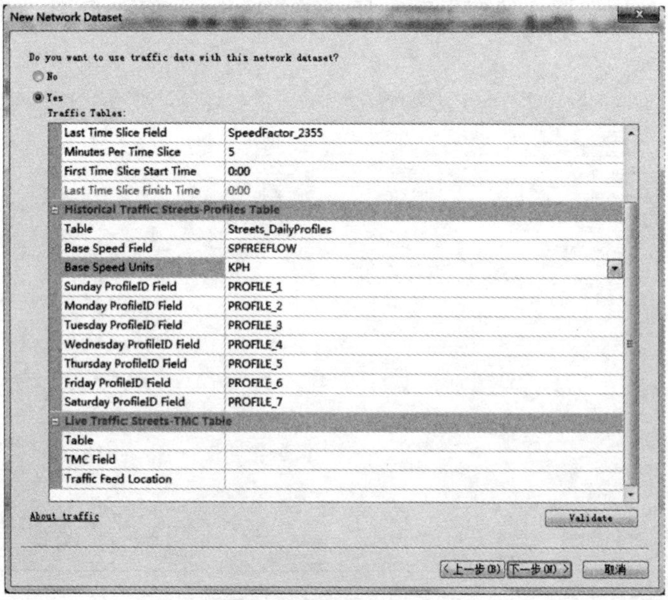

图 11.7 交通流量数据界面

点击"下一步"按钮,将显示设置网络数据集属性的界面,如图 11.8 所示。Network Analyst 将自动为该数据集设置八个属性:Hierarchy、Meters、Minutes、Oneway、RoadClass、TravelTime、WeekdayFallbackTravelTime 和 WeekendFallbackTravelTime。随意点击每一行,然后点击"Evaluators"按钮,可以看到每个属性是如何被赋值的。点击"OK"按钮,返回新建网络数据集向导。

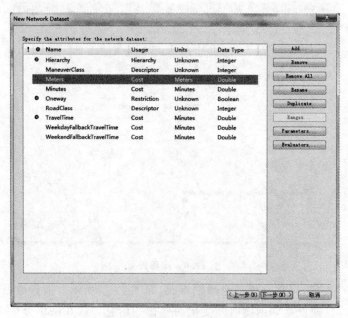

图 11.8 设置网络数据集属性界面

添加新的属性,来限制 RestrictedTurns 要素类中的转弯元素的移动。点击 Add,打开添加新属性对话框,如图 11.9 所示。在名称字段中键入 RestrictedTurns,使用类型选择限制,约束条件用法选择禁止。此设置禁止在分析过程中穿过转弯要素。注意,此限制已选中在默认情况下使用,此限制将在创建新的网络分析图层时默认使用。如果想在执行分析时忽略限制,可以在设置分析时禁用它。

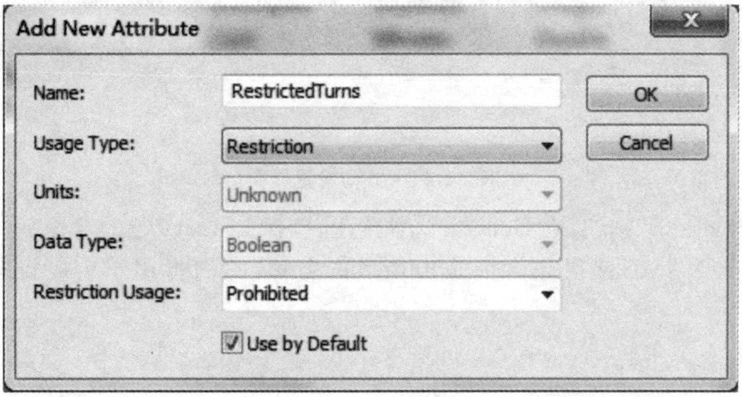

图 11.9 添加新属性

点击"OK"按钮。新的属性 RestrictedTurns 将被添加到属性列表中,如图 11.10 所示。

在网络数据集属性设置界面中,若中间出现带有字母 D 的蓝色圆圈,则表示该属性在新分析中被默认启用。点击"Evaluators"按钮,设置 RestrictedTurns 行,在类型列下方点击,并从下拉列表中选择常量,点击 Value 列选择使用约束条件。

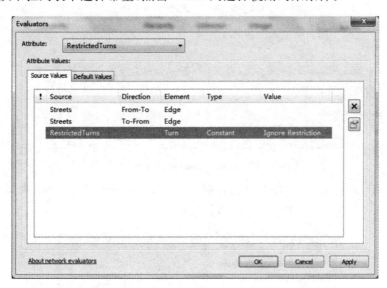

图 11.10 添加属性 RestrictedTurns 后的结果

右击 Hierarchy 行,选择 Use by Default,蓝色圆圈将从属性中移除。这表明使用此网络数据集创建分析图层时不会默认使用等级。

点击"Next"按钮,直到出现方向设置界面为止,如图 11.11 所示,选择"Yes"。

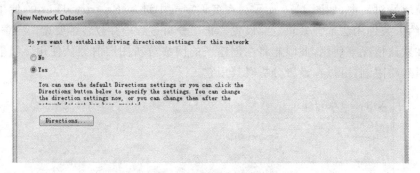

图 11.11　方向设置界面

点击"Directions"按钮,在 General 选项卡上,确保 Primary 行的名称字段将自动映射到 NAME 中。NAME 字段包含旧金山街道的名称,它们将用于生成行车路线,如图 11.12 所示。

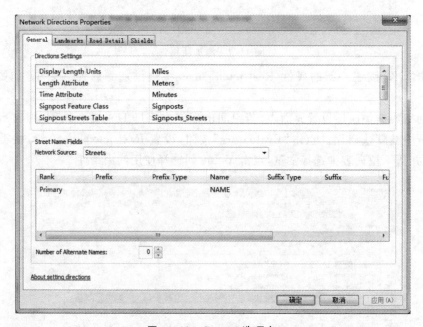

图 11.12　General 选项卡

依次点击"确定"和"下一步"按钮,直到完成为止。此时将启动进度条,如图 11.13 所示,显示 Network Analyst 正在创建网络数据集。

图 11.13　正在创建网络数据集

创建完成后,系统将询问是否要构建它。构建过程会确定哪些网络元素是互相连接的,并填充网络数据集属性,但必须先构建网络才能对其执行网络分析。完成构建后,新的网络数据集 Streets_ND 及系统交汇点要素类 Streets_ND_Junctions 就自动添加到 ArcCatalog 中,如图 11.14 所示。

图 11.14 网络构建完成

2)创建多模式网络数据集

依次选择 Network Analyst、Tutorial、Exercise02、Paris.gdb。右击 Transportation,新建网络数据集,网络数据集的名称设为 ParisMultimodal_ND。点击"下一步"按钮,点击"Select All"按钮,将源加入到网络中的所有要素类中,如图 11.15 所示。

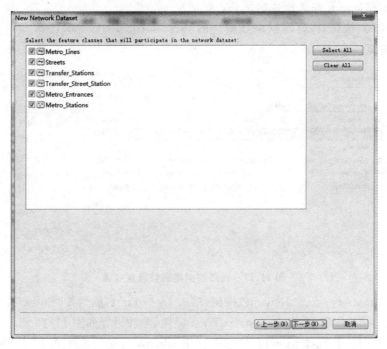

图 11.15 添加要素到 ParisMultimodal_ND 数据集

点击"下一步"按钮,在出现的对话框中选择 Connectivity,点击 Group Columns 旁的向上箭头一次,可将连通性组的数量增加到 2。连通性组 1 代表地铁系统,组 2 代表街道网络。其他参数设置如图 11.16 所示。

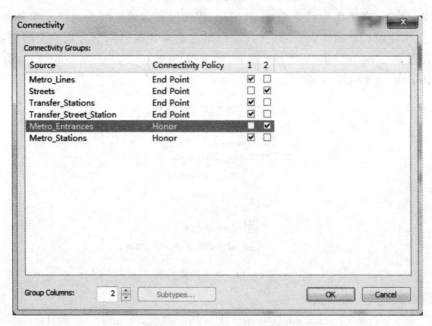

图 11.16 Connectivity 对话框

点击"OK"按钮,返回新建网络数据集向导,点击"Next"按钮,在出现的对话框中选择无,因为数据集不存在高程数据。

点击"Next"按钮,将显示网络数据集的属性,如图 11.17 所示选择 Hierarchy,点击"Remove"按钮。

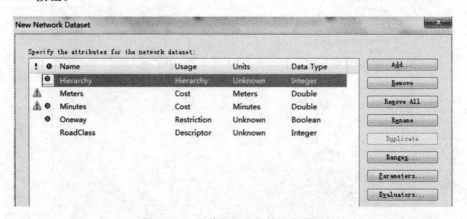

图 11.17 网络数据集属性设置界面

选择 Minutes 行,点击"Rename"按钮,输入 DriveTime,然后按"Enter"键,如图11.18所示。点击"Add"按钮,创建 PedestrianTime 属性,参数设置如图 11.19 所示。

点击"OK"按钮,选择 Meters,然后点击 Evaluators,同时选中四个带有警告符号的行,右击任何所选行,选择 Type,选择 Field(警告符号会变为红色错误符号,表示未完成向字段赋值器赋值),右击任何所选行并选择 Value,选择 SHAPE_LENGTH,如图11.20所示。最后点击"OK"按钮。

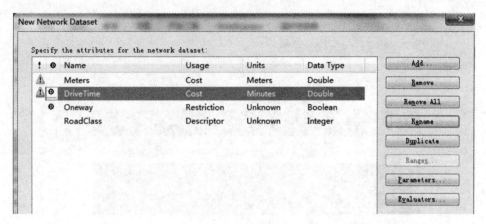

图 11.18　将 Minutes 修改为 DriveTime

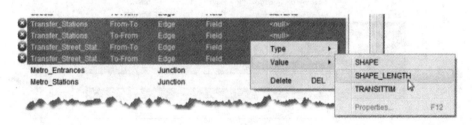

图 11.19　创建 PedestrianTime 属性

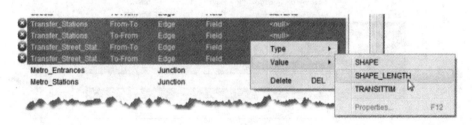

图 11.20　Meters 赋值设置

接下来进行 DriveTime 参数设置。从属性下拉列表中，选择 DriveTime，选中所有带警告符号的行（Metro_Lines、Transfer_Stations 和 Transfer_Street_Station）及 Metro_Stations 行，如图 11.21 所示。

右击任一所选行，选择 Type、Constant，再次右击任一所选行，选择 Value、properties，在弹出的常量值输入框中输入－1。Network Analyst 将所有成本值为－1 的元素视为受限，如图 11.22 所示。因此，将 DriveTime 属性用作网络分析中的阻抗时，这些源是不可穿过的。点击"Apply"按钮。

接下来配置 PedestrianTime 参数，从属性下拉列表中，选择 PedestrianTime，选中以

· 99 ·

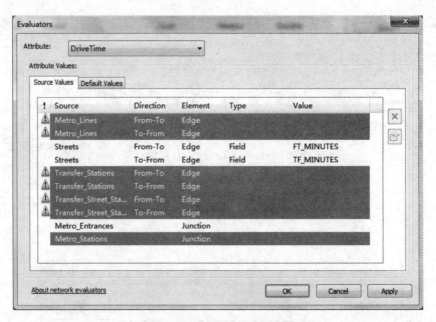

图 11.21　DriveTime 参数设置

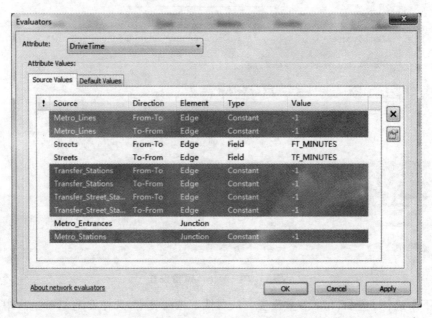

图 11.22　DriveTime 赋值设置结果

下源所在的行：Metro_Lines、Transfer_Stations 和 Transfer_Street_Station。右击任一所选行，选择 Type、Field。再次右击任一所选行，选择 Value、TRANSITTIM 结果如图 11.23 所示。TRANSITTIM 字段用于存储使用交通系统的乘客的时间成本。街道也需要设置乘客时间值，但是计算方式不同。

点击"Streets From-To"行并选中它。按住"Ctrl"键，点击带有"Streets"的两行，将它们选中。

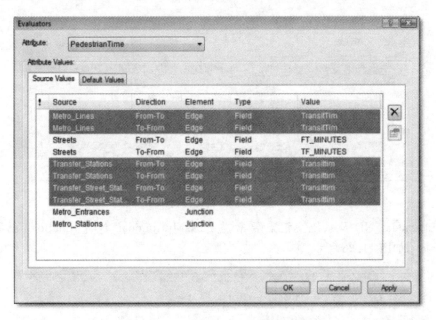

图 11.23 PedestrianTime 参数设置结果

右击任一所选行,选择 Value、Attribute,将打开字段赋值器对话框,在文本框中输入:[METERS] * 60/3000,如图 11.24 所示。

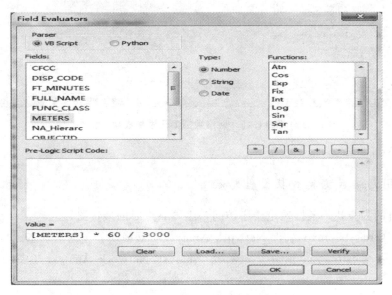

图 11.24 字段赋值器对话框

点击"OK"按钮,返回到 Evaluators 对话框。点击"OK"按钮,点击"Next"按钮,以配置方向。点击 Directions,打开 Network Directions Properties 对话框,在常规选项卡上,点击源下拉列表并选择 Streets,Name 设为 FULL-Name,如图 11.25 所示。

点击"OK"按钮,点击"Next"按钮,直到完成为止。此时将启动进度条,显示 Network Analyst 正在创建网络数据集。点击"Next"按钮,选择 Yes,则新的网络数据集

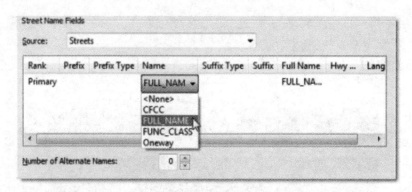

图 11.25 配置方向

ParisMultimodal_ND 及系统交汇点要素类 ParisMultimodal_ND_Junctions 已添加到 ArcCatalog,如图 11.26 所示。

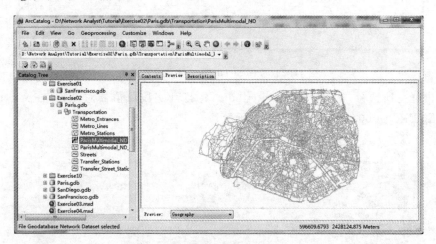

图 11.26 网络数据集已添加成功

关闭 ArcCatalog。

2. 使用网络数据集查找最佳路径

实验目的为查找一条按预定顺序访问一组停靠点时的最快路径。

双击 Exercise03.mxd,确保 Network Analyst 扩展模块处于激活状态。

依次选择 Costom、Toolbar、Network Analyst,Network Analyst 工具条被添加到 ArcMap 中。

在 Network Analyst 工具条上,如图 11.27 所示,点击 Network Analyst 窗口按钮 ，打开可停靠的 Network Analyst 窗口,如图 11.28 所示。

图 11.27 Network Analyst 工具条

实验十一 网络分析

图 11.28 可停靠的 Network Analyst 窗口

在 Network Analyst 工具条上,点击"Network Analyst"按钮,然后选择 New Route 选项。路径分析图层将被添加到 Network Analyst 窗口中,网络分析类(停靠点、路径、点障碍、线障碍和面障碍)为空。分析图层也将被添加到 Table Of Contents 窗口中,如图 11.29 所示。

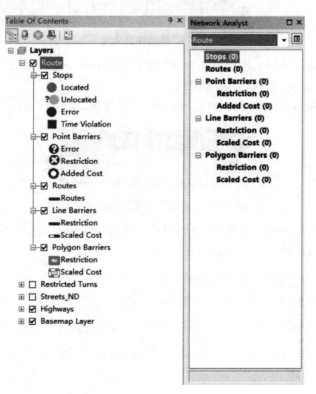

图 11.29 Table Of Contents 窗口

· 103 ·

下一步为添加停靠点。在 Network Analyst 窗口中,点击 Stops (0)选项,点击创建网络位置工具按钮,在地图上随意点击 3 个点,第一个停靠点将视为起始点,最后一个将视为目的地,结果如图 11.30 所示 。

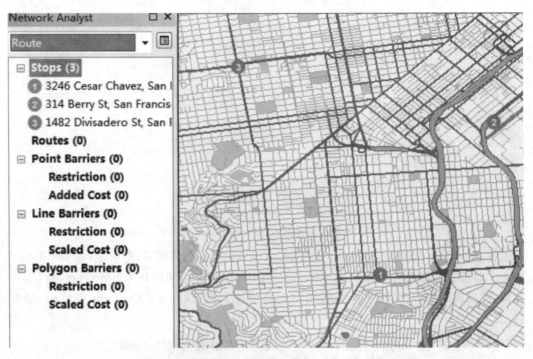

图 11.30　添加停靠点结果

接下来设置分析参数。指定基于行驶时间(单位:min)来计算路径,在任何地点允许 U 形转弯,以及行驶受单行道和转弯限制。

点击 Network Analyst 窗口中的分析图层属性按钮,如图 11.31 所示。

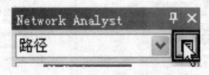

图 11.31　点击分析图层属性按钮 1

点击 Analysis Settings 选项卡,Impedance 处选择 TravelTime (Minutes),勾选 Use Start Time,如图 11.32 所示。点击"OK"按钮。

接下来计算最佳路径。在 Network Analyst 工具条上,点击求解按钮进行求解。路径将出现在地图视图中以及 Network Analyst 窗口的路径类中,结果如图 11.33 所示。

在 Network Analyst 工具条上,点击指示窗口按钮,出现如图 11.34 所示的窗口。

最后保存路径。在 Network Analyst 窗口中,右击 Routes(1),然后点击 Export Data,如图 11.35 所示。

图 11.32　Analysis Settings 属性设置 1

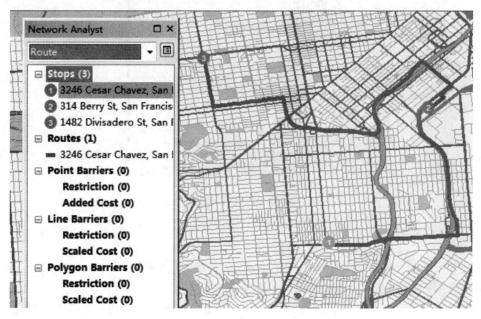

图 11.33　最佳路径显示

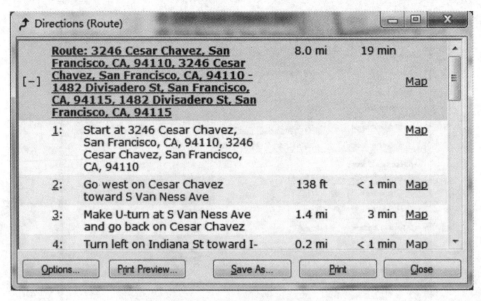

图 11.34 最佳路径信息显示

图 11.35 保存路径

3. 查找最近的消防站

打开 Exercise04.mxd,在 Network Analyst 工具条上,点击"Network Analyst"按钮,然后点击 New Closest Facility,如图 11.36 所示。

最近设施点分析图层即被添加到 Network Analyst 窗口中。网络分析类(设施点、事件点、路径、点障碍、线障碍和面障碍)为空。

接下来添加设施点。在 Network Analyst 窗口中,右击 Facilities (0),然后点击 Load Locations 选项,如图 11.37 所示。

从 Load Locations 下拉列表中选择 FireStations,点击"OK"按钮。43 个消防站将作

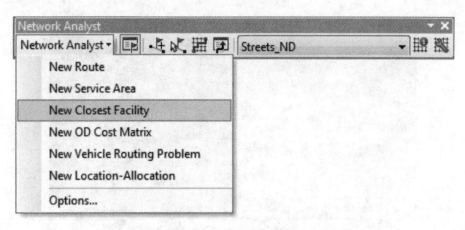

图 11.36 新建最近设施点

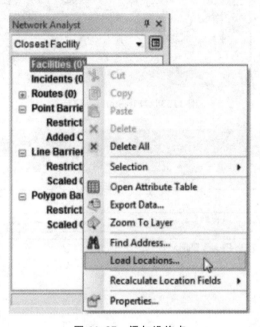

图 11.37 添加设施点

为设施点出现在地图中,如图 11.38 所示,并会在 Network Analyst 窗口中列出。

接下来添加一个事件点。在 Network Analyst 窗口中,右击 Incidents (0),然后选择 Find Address。点击 Choose a locator 旁边的按钮 ,从实验文件夹里选择 SanFranciscoLocator(\Network Analyst\Tutorial\SanFranciscoLocator)。在文本框中,输入 1202 Twin Peaks Blvd,如图 11.39 所示。

点击"Find"按钮,输入内容所对应的街道地址位置即被找到,并且作为一行内容出现在查找对话框底部的表中。右击该行,并选择添加为 Network Analysis Object。指定地址作为事件点进行添加,在地图和 Network Analyst 窗口中可以看到该事件点,如图 11.40 所示,关闭 Find 对话框。

再来设置分析参数。点击 Network Analyst 窗口中的分析图层属性按钮,如图 11.41

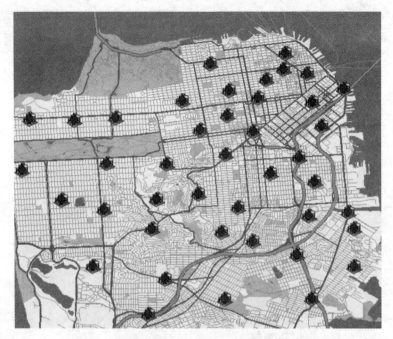

图 11.38 FireStations 显示

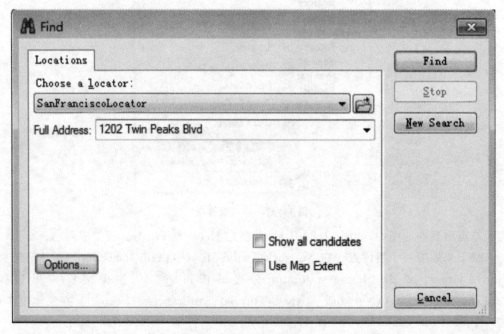

图 11.39 添加事件点

所示。

如图 11.42 所示,点击 Analysis Settings,Impedance 处选择 TravelTime (Minutes),Default Cutoff Value 设为 3,Facilities To Find 设为 4,勾选 Facility to Incident,取消勾选 Use Hierarchy,在 Restrictions 框架中,取消勾选 RestrictedTurns,点击"OK"按钮。

实验十一 网络分析

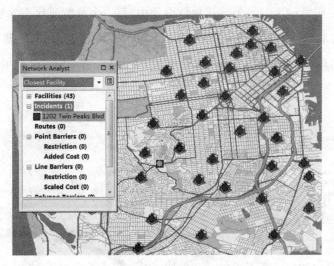

图 11.40 添加事件地址

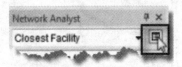

图 11.41 点击分析图层属性按钮 2

图 11.42 Analysis Settings 属性设置 2

问题 1:请说明 Analysis Settings 属性设置中,每一个参数所代表的意思。

最后来识别最近设施点。在 Network Analyst 工具条上,点击求解按钮 ![icon] 进行求解。路径将会出现在地图视图中,也会出现在 Network Analyst 窗口的路径类中,如图 11.43 所示。

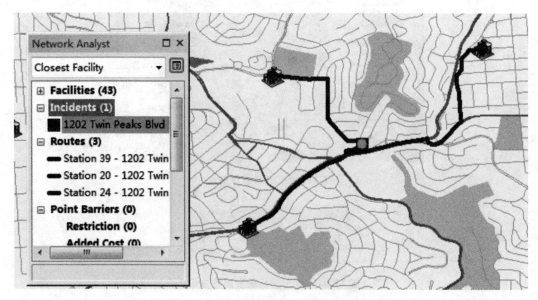

图 11.43 识别最近设施点

在 Network Analyst 工具条上,点击指示窗口按钮 ![icon],如图 11.44 所示,每个消防站的驾车方向均列于此窗口中。

4. 计算服务区和创建 OD 成本矩阵

下面将创建一系列面,用来表示在指定时间内从一个设施点可到达的距离,这些面也称为服务区面。本实验针对位于巴黎的 6 个仓库,分别计算 3 min、5 min 和 10 min 路程范围的服务区。同时还将查找每个服务区中有多少个商店,识别出需要重新定位的仓库,以更好地为这些商店提供服务。此外,还将创建一个"起始-目的地"成本矩阵,用于将货物从仓库运送到距离仓库 10 min 车程范围内的所有商店。此矩阵可用作物流、配送货物和路径分析等的输入。

打开 Exercise05.mxd,在 Network Analyst 工具条上,点击"Network Analyst"按钮,然后选择 New Service Area 选项,如图 11.45 所示。

将仓库添加为生成服务区面的设施点。按住"Ctrl"键的同时,从 Table of Contents 窗口中将 Warehouses 要素图层拖放到 Network Analyst 窗口的 Facilities 点类中,如图 11.46 所示。

利用 Analysis Settings 设置分析参数,指定基于行驶时间(单位:min)计算服务区,将对每个设施点的三个服务区面进行计算,一个是 3 min,一个是 5 min,另一个是 10 min。将指定行驶方向为驶离设施点,而不是驶向设施点,这里不允许 U 形转弯,且行驶受单行

实验十一 网络分析

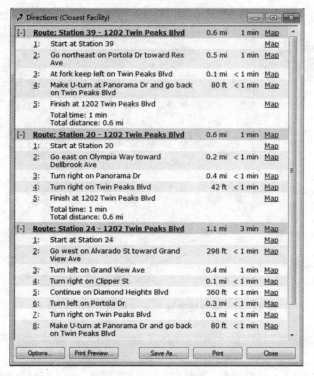

图 11.44 最近设施点信息

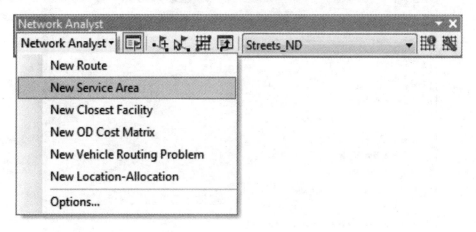

图 11.45 New Service Area 工具

道限制。如图 11.47 所示,点击"Apply"按钮,保存设置。

点击 Polygon Generation 选项卡,确保选中 Generate Polygons,点击 Generalized,取消勾选 Trim Polygon,将 Multiple Facilities Options 设为 Overlapping,将 Overlap type 设为 Rings。点击"Apply"按钮保存设置。

点击线生成选项卡 Line Generation,取消勾选 Generate Lines,点击"OK"按钮。

接下来计算服务区面。在 Network Analyst 工具条上,点击按钮 ,服务区面即会

· 111 ·

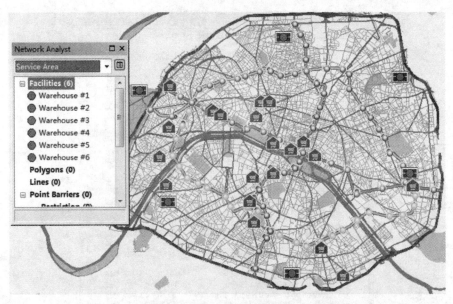

图 11.46 将仓库添加为生成服务区面的设施点

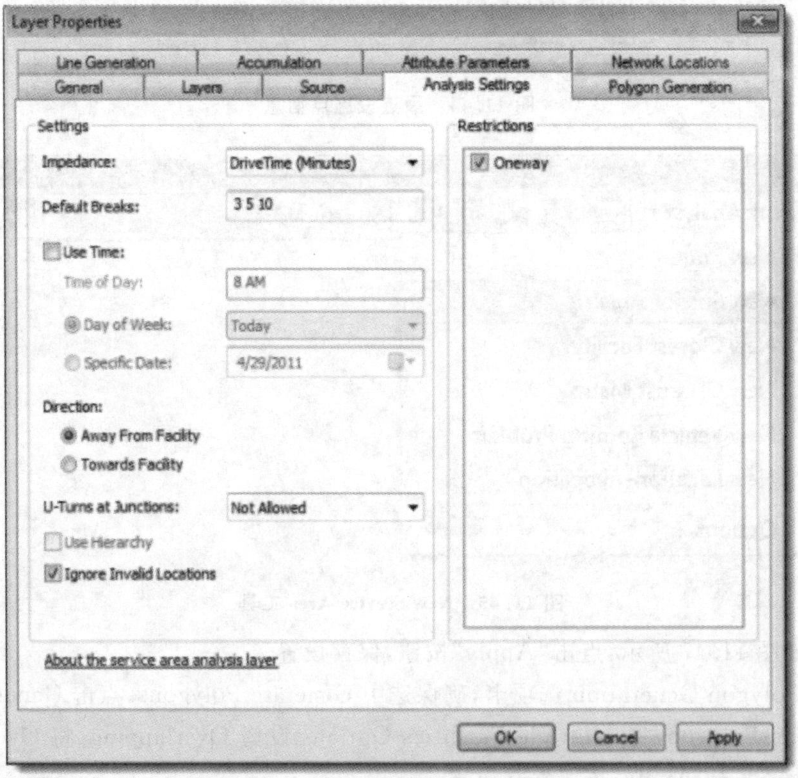

图 11.47 Analysis Settings 属性设置 3

出现在地图上和 Network Analyst 窗口中,如图 11.48 所示。

接下来识别位于所有服务区外部的商店,在 Table Of Contents 窗口中,把 Stores 拖

实验十一 网络分析

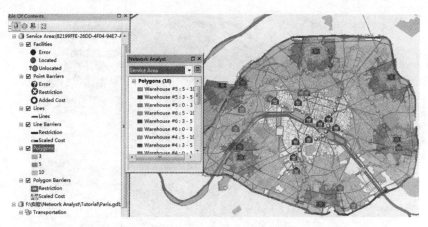

图 11.48 显示服务区面

动至图层列表顶层,如图 11.49 所示。

点击 ArcMap 菜单栏上的 Selection,选择 Select By Location,在 Select By Location 对话框中创建选择查询,以便从完全位于面中的商店中选择要素,如图 11.50 所示。

图 11.49 图层移动结果

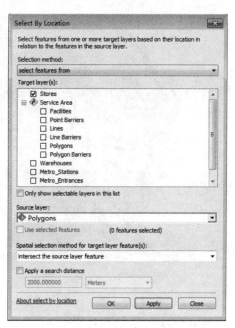

图 11.50 Select By Location 对话框

点击"OK"按钮,面内的商店已被选中,如图 11.51 所示。

在 Table Of Contents 窗口中,右击 Stores,然后点击 Selection,选择 Switch Selection。结果如图 11.52 所示。

在工具条上,点击清除所选要素按钮 ,清除所选要素。

重新定位最不容易到达的仓库的位置。查看仓库♯2 的服务区面,在仓库♯2 的周围,没有任何在其 3 min、5 min 或 10 min 服务区面范围内的商店,因此,要重新定位此仓

· 113 ·

图 11.51 服务区面内的商店

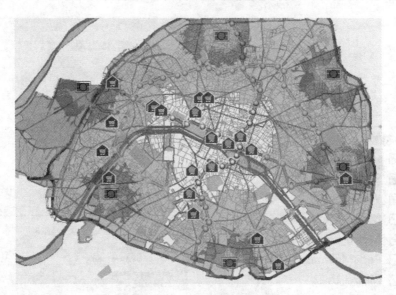

图 11.52 服务区面外的商店

库的位置,以更好地为商店提供服务。

在 Network Analyst 窗口中,选择 Facilities(6)下面的 Warehouse♯2 选项。在 Network Analyst 工具条上,点击选择/移动网络位置按钮 ,在地图视图中,将 Warehouse♯2 拖至地图的中央,如图 11.53 所示。

接下来识别每个商店所在的服务区面,在 Network Analyst 工具条上,点击按钮 。在 Table Of Contents 窗口中,右击 Stores,然后依次点击 Joins and Relates、Join。打开 Join Data 对话框,如图 11.54 所示,选择基于空间位置的另一个图层的连接数据。

点击"OK"按钮,在内容列表窗口中,右击 Stores With Poly 要素图层,然后选择打开

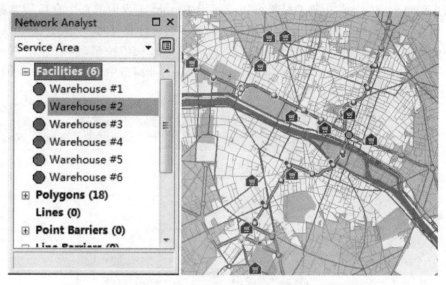

图 11.53　将 Warehouse#2 拖至地图中央

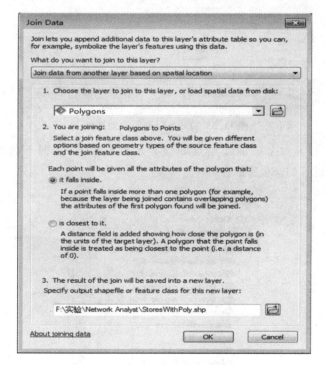

图 11.54　Join Data 对话框

属性表。表中的每行都显示商店名称和商店坐落位置的名称。可以使用此表生成其他有用的目录,例如在 0~3 min 服务区内的商店数量。关闭属性表。

在 Network Analyst 窗口中,右击 Facilities (6),然后选择 Export Data,将 New_Warehouses 设为保存名称,点击"OK"按钮,点击"NO"按钮。

创建 OD 成本矩阵分析图层。也可以创建"起始-目的地"成本矩阵,以便将货物从新

· 115 ·

仓库运送到每个商店。此矩阵的结果可用于识别 10 min 车程内的每个仓库所要服务的商店。而且,可以查找从每个仓库到所要服务的商店的总行驶时间。

在 Network Analyst 工具条上,点击"Network Analyst"按钮,然后点击 New OD Cost Matrix 选项。然后添加起始点,在 Network Analyst 窗口中,右击 Origins (0),然后选择 Load Locations,结果如图 11.55 所示。

图 11.55　Load Locations 对话框

点击"OK"按钮。六个新的起始点即会显示在地图上,并列于起始点下 Network Analyst 窗口中,如图 11.56 所示。

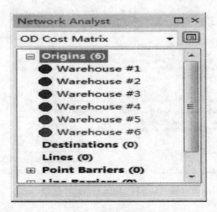

图 11.56　六个新的起始点

接下来添加目的地。在 Network Analyst 窗口中,右击 Destinations(0),然后加载位置。Load From 处设为 Stores,Field 处设为 NOM,点击"OK"按钮,此时,Network Analyst 窗口中列有 21 个目的地,同时显示在地图中,如图 11.57 所示。

接下来设置分析参数,将指定基于行驶时间计算 OD 成本矩阵。要设置一个长度为

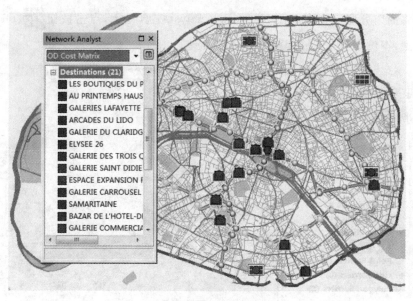

图 11.57 添加目的地

10 min 的默认中断值,并确保在指定中断值中找到所有目的地,如图 11.58 所示。此外,还要指定所有位置都允许 U 形转弯,Output Shape Type 应设为 Straight Line。由于所有行程均发生在道路上,因此行驶必须受单行道限制,所有无效的位置(未找到的位置)都将被忽略。点击"OK"按钮。

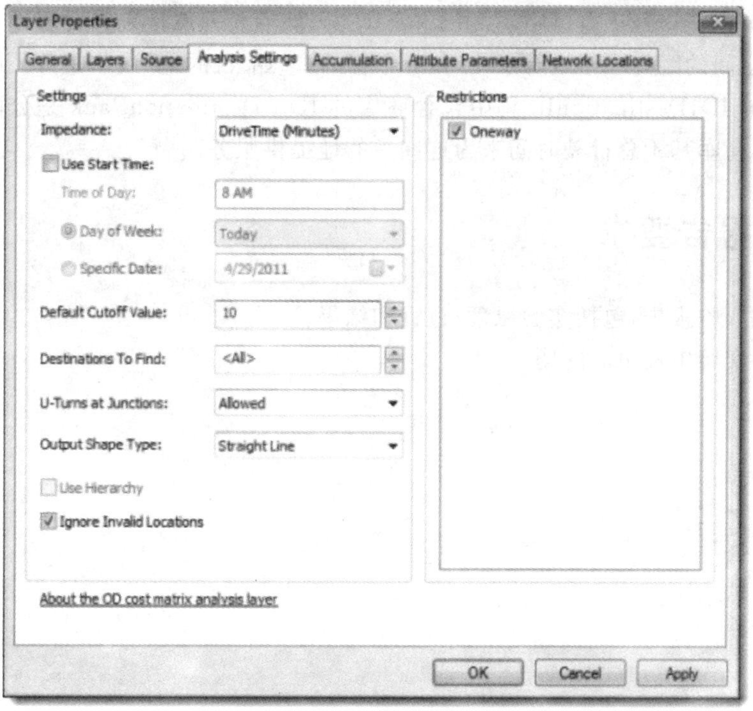

图 11.58 设置分析参数

最后将商店分配给仓库。在 Network Analyst 工具条上，点击按钮 ▦，OD 线将出现在地图上，本例中有 23 条，如图 11.59 所示。

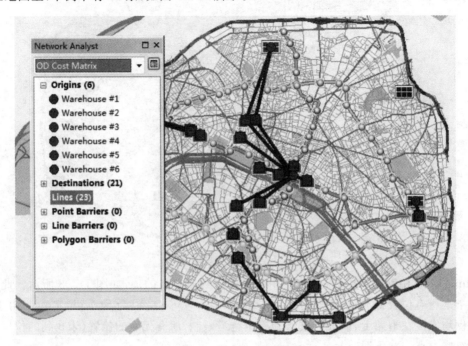

图 11.59　将商店分配给仓库

在 Network Analyst 窗口中，右击 Lines(23)，然后打开属性表。线属性表表示每个仓库与商店之间的距离小于或等于 10 min 车程的"起始-目的地"成本矩阵。OriginID 列中包含仓库的 ID，DestinationID 列中包含商店的 ID。DestinationRank 是分配给每个目的地的等级，仓库基于总行驶时间来为这些目的地提供服务。

四、实验报告要求

(1)完成实验报告，包括实验原理、过程和结果。
(2)回答实验中提出的问题。

实验十二 空间分析

一、实验目的

(1)了解 ArcGIS 的空间分析模块。
(2)使用表示模型和过程模型解决空间问题。
(3)掌握 ArcGIS 中的模型构建方法。

二、实验准备

1. 软件准备

确保计算机已正确安装了 ArcGIS Desktop 10.x 软件。

2. 数据准备

Stowe.gdb。

3. 预备知识

空间问题建模主要有两类模型,即表示模型(表示地表上的对象)和过程模型(模拟地表上的过程)。解决空间问题的概念模型的步骤一般包括:陈述问题、分解问题、探索输入数据集、执行分析、验证模型结果、实施结果。在本实验中我们的目的是为新学校寻找最佳设址地点,根据目的及实验数据,可将问题进行分解,如图 12.1 所示。

接下来,对现有数据进行探索,包括了解数据集内部和各个数据集之间的哪些属性对于解决问题来说比较重要,还包括查找数据的变化趋势。通过数据探索,可看到现有学校和休闲娱乐场所的位置,还可以通过高程数据集判断出高程较高的位置。而通过土地利用数据集可了解该区域中与其他数据集相关的

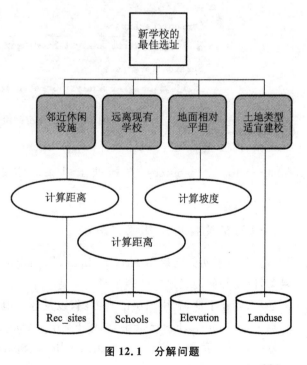

图 12.1 分解问题

土地利用类型，以及这些类型的土地的位置。确定了具体目标和各种元素，以及它们之间的交互作用、过程模型，以及所需的输入数据集以后，便可以开始执行分析了。

三、实验方法及步骤

1. 准备分析

启动 ArcMap，点击按钮 ，加载 Spatial Analyst 文件夹下的 Stowe.gdb 文件的数据，相关数据包括 Elevation、Landuse、Roads、Rec_sites、Schools、Destination。

Elevation 表示该区域的高程的栅格数据集，Landuse 表示该区域的土地利用类型的栅格数据集，Roads 表示斯托镇道路网的线性要素类，Rec_sites 表示娱乐场所位置的点要素类，Schools 表示现有学校位置的点要素类，Destination 表示在查找新道路的最佳路径时所使用的目标点。

打开 ArcCatalog，点击 ，连接到 Spatial Analyst 文件夹，右击，选择 New、File Geodatabase，并将名字设为 Scratch。点击菜单 Geoprocessing，选择 Environments。点击工作空间，展开与工作空间相关的环境设置。对于 Current/Scratch Workspace，导航至 Spatial Analyst 文件夹中的 Scratch.gdb，Scratch Workspaces 为：Scratch.gdb，如图 12.2 所示。

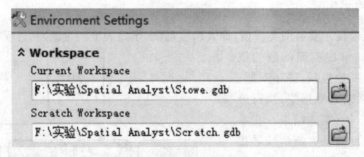

图 12.2 工作空间设置

在菜单栏上点击 File，选择 Map Documents Properites，勾选 Store relative pathnames to data sources，在标准工具条上点击保存按钮 ，保存名称为 Site Analysis.mxd。

2. 访问扩展模块以及探究数据

本实验将说明如何启用 ArcGIS Spatial Analyst 扩展模块、如何访问 Spatial Analyst 工具条，以及如何搜索地理处理工具。创建一个山体阴影输出，并以透明方式与其他图层一同显示，创建土地，利用图层的直方图，以及选择地图上的元素。

点击 Customize、Extensions，选中 Spatial Analyst 复选框，点击"Close"按钮。

依次点击主菜单上的 Customize、Toolbars、Spatial Analyst。

接下来开始创建山体阴影。依次点击 ArcToolbox、Spatial Analyst、Surface、Hillshade,参数 Input raster 设为 elevation,Z factor 设为 0.3048,点击"OK"按钮。此高程数据中,x、y 值以 m 为单位,z 值(高程值)以 ft(1ft=0.3048 m)为单位。由于 1 ft 等于 0.3048 m,因此将 z 值乘以因子 0.3048 即可将其单位转换为 m。

将生成的山体阴影结果 HillSha_elev1 拖动到 landuse 图层下方,右击 landuse,然后点击 properties,选择 Symbology 选项卡,show 处设为 Unique Values,Value Field 处设为 LANDUSE,点击"Apply"按钮。

点击 Display 选项卡,Transparency 设为 30,点击"OK"按钮。此时可看到没有山体阴影和有山体阴影的情况下,制图效果不一样,如图 12.3 所示。

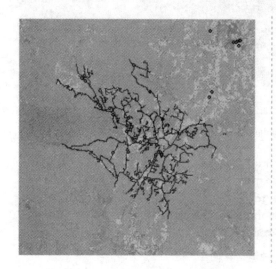 

图 12.3 制图效果对比

接下来检查直方图。在 Spatial Analyst 工具条上点击图层下拉箭头,点击 landuse。点击直方图按钮 ,如图 12.4 所示。直方图显示每种土地利用类型的像元数,如图 12.5 所示。

图 12.4 工具条上的直方图按钮

关闭 landuse 的直方图窗口。

3. 为新学校选址

在 Spatial Analyst 文件夹中创建一个新的工具箱,并将此工具箱命名为 Site Analysis Tools.tbx,如图 12.6 所示。

右击 Site Analysis Tools 工具箱,然后点击 Model、Model Properties,Name 设为 FindSchool,Label 设为 Find location for school,选中 Store relative path names (instead

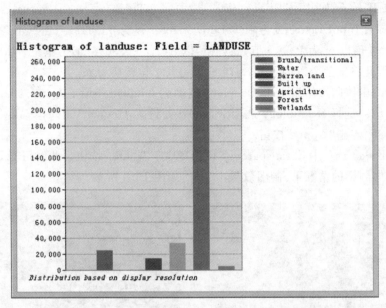

图 12.5　landuse 直方图

图 12.6　创建新工具箱

of absolute paths),点击"Apply"按钮,点击 Environments 选项卡,将 Processing Extent 设为 Extent,Raster Analysis 设为 Cell Size,点击 Value,点击 Processing Extent,将 Extent 设为 Same as Layer elevation,点击 Raster Analysis,Cell Size 设为 Same as Layer elevation,点击"OK"按钮。

将图层 elevation、rec_sites 和 schools 从 Table Of Contents 拖至 Model 中。将 Spatial Analyst 工具箱中 Surface 下面的 Slope 拖至模型中。在 Spatial Analyst Tools 工具箱的 Distance 工具中集中找到 Euclidean Distance 工具。点击 Euclidean Distance 工具,并将其拖至模型中。重复上一步骤,将 Euclidean Distance 工具再次拖入模型中,结果如图 12.7 所示。

点击添加连接工具按钮,点击 elevation,然后点击 Slope 工具。右击 Slope 工具,然后点击 Open,Output raster 设为 slope_out,Z factor 设为 0.3048,点击"OK"按钮。右击重命名,输出名称设为 slope out,将 rec_sites 和 Euclidean Distance 工具连接。点击 Slope 工具的输出变量,然后右击重命名,输出名称设为 Distance to recreation sites。点击添加连接工具按钮,将 schools 和 Euclidean Distance 工具连接,右击重命名,输出名称设为 Distance to schools,结果如图 12.8 所示。

右击各输出变量(slope out、Distance to recreation sites 和 Distance to schools),然后

实验十二 空间分析

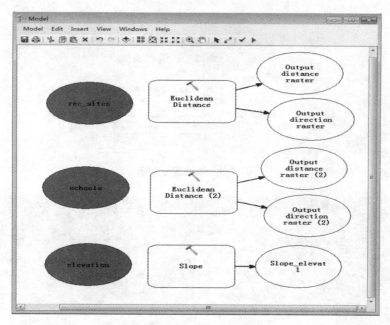

图 12.7 Model 的创建

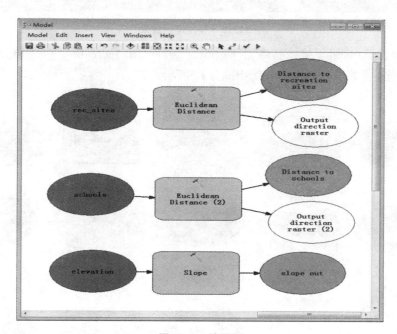

图 12.8 结果图

点击 Add To Display 选项,如图 12.9 所示。

在模型工具条上点击运行按钮 ▶ 进行运行,然后点击"Close"按钮。输出结果将会添加到 ArcMap 中并显示。结果如图 12.10 所示。

接下来对数据集进行重分类。将 Spatial Analyst Tools 工具箱的 Reclassify 工具集

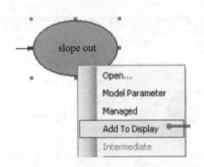

图 12.9　添加变量显示

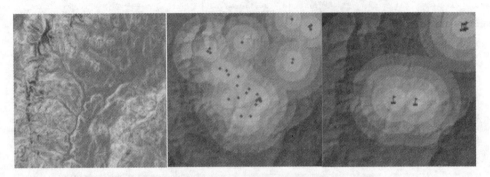

图 12.10　模型运行结果

拖至模型构建器中,用连接工具将 slope out、Distance to recreation sites 和 Distance to schools 分别连接到重分类工具中,如图 12.11 所示。

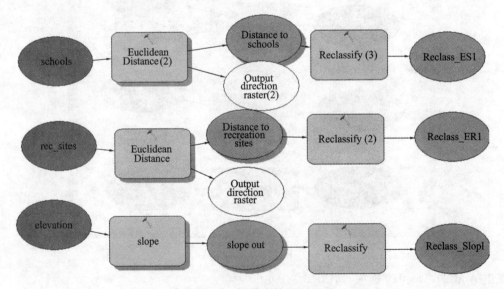

图 12.11　重分类模型建立

打开连接到输出的坡度变量的重分类工具,点击 Classify,Methods 设为 Equal Interval,Classes 设为 10,点击"OK"按钮,点击 Reverse New Values(对新值取反),点击"OK"按钮。

用同样的方法重分类到休闲娱乐场所的距离。如图 12.12 所示,将距休闲娱乐场所最近的区域(最适合的位置)的值范围指定为 10,将远离休闲娱乐场所的区域(最不适合的位置)的值范围指定为 1,中间的值则进行线性排列。

图 12.12　重分类到休闲娱乐场所的距离

下面重分类到学校的距离。如图 12.13 所示,离现有学校最远的区域(最适合的位置)的指定值为 10,靠近现有学校的区域(最不适合的位置)的指定值为 1,中间的值则进行线性排列。

图 12.13　重分类到学校的距离

右击各变量输出重分类的坡度、重分类到休闲娱乐场所的距离和重分类到学校的距离，然后点击"Add To Display"。点击运行按钮 ▶ 运行，执行模型中的三个重分类工具。在工具条上，点击保存按钮 💾。如图 12.14 所示，检查添加到 ArcMap 显示中的图层。

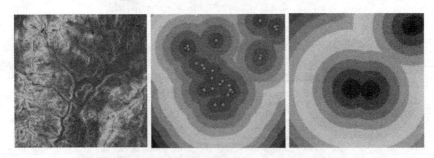

图 12.14　重分类模型运行结果

问题 1：为什么要对数据进行重分类？

接下来为数据集设置权重并合并数据集。

点击 Weighted Overlay 工具（位于 Spatial Analyst 工具箱的 Overlay 工具集中），并将其拖至模型构建器中。打开 Weighted Overlay 工具，在 From、To、By 项中分别输入 1、10 和 1，如图 12.15 所示，点击"Apply"按钮。

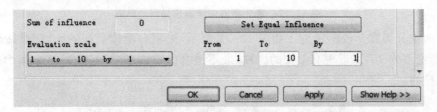

图 12.15　Weighted Overlay 工具

点击添加栅格行按钮 ➕，Input raster 为重分类的坡度，Input field 保留为 Value，如图 12.16 所示。

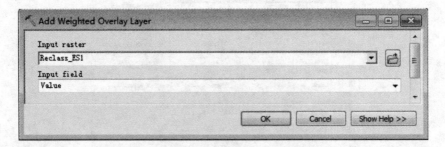

图 12.16　为重分类的坡度输入保留字段

点击"OK"按钮，栅格即被添加到加权叠加表中。对各重分类数据集（包括到休闲娱乐场所的距离的重分类结果和到学校的距离的重分类结果）重复上一步骤，结果如图 12.17所示。

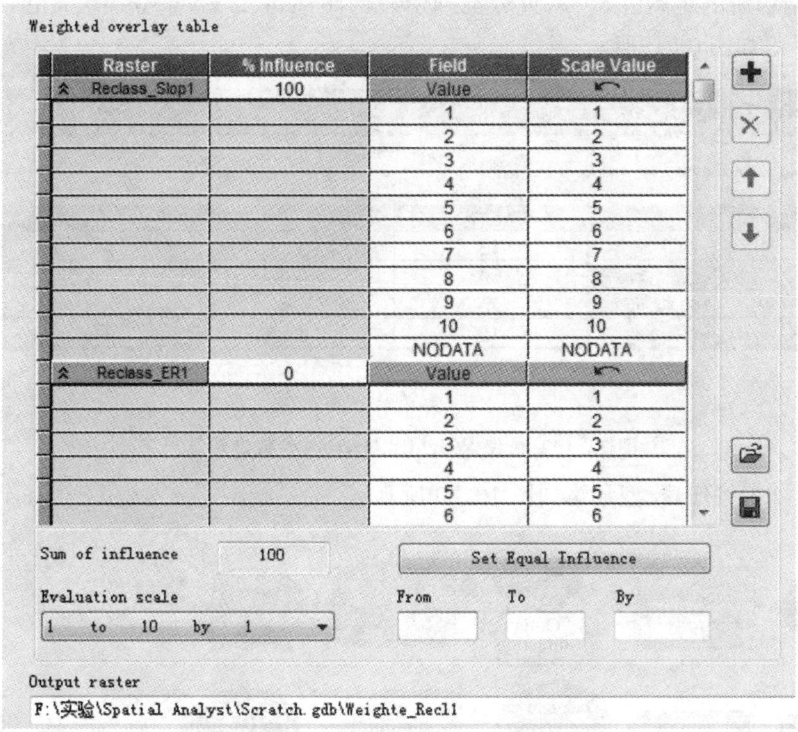

图 12.17 栅格被添加到加权叠加表中

对于坡度的重分类结果，点击 Scale Value 列中值为 1 的像元，然后选择 Restricted。同样，将 Scale Value 列中值为 2 和 3 的像元也设为 Restricted，如图 12.18 所示。

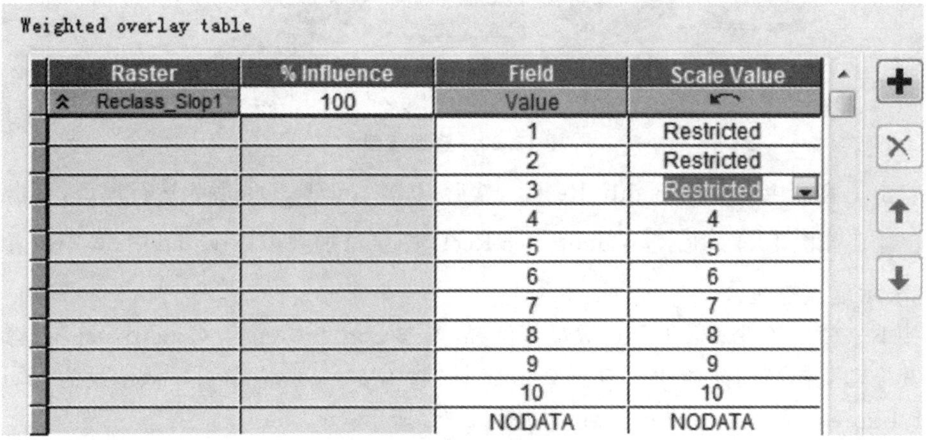

图 12.18 坡度的重分类结果

添加 landuse 图层，同时将输入字段设置为 LANDUSE。点击"OK"按钮，将 landuse 图层的默认值 Scale Values 更改为表示 Water 和 Wetlands 的级别值 Restricted，其他土地利用类型对应关系分别为：Brush/transitional-5、Barren land-10、Built up-3、Agriculture-9、Forest-4。在加权叠加表中折叠各栅格。在％ Influence 列中输入：重分类

到娱乐休闲场所的距离占50%,重分类到学校的距离占25%,重分类坡度占13%,土地利用占12%,如图12.19所示。

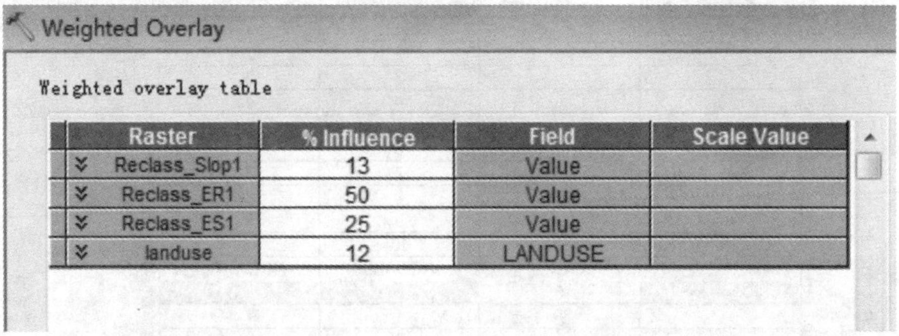

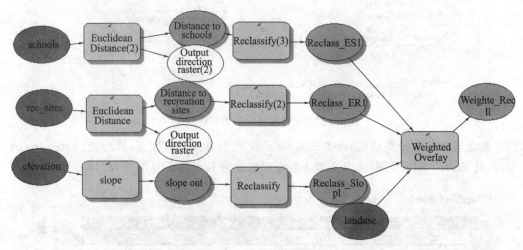

图12.19 最终 Weighted Overlay 参数设置结果

点击"OK"按钮,模型最终如图12.20所示。

图12.20 叠加模型

右击适宜区域变量(Weight_ Recl1),然后点击 Add To Display,运行模型,点击保存按钮 。如图12.21所示,Weight_Rec Recl1 图层添加到了 ArcMap 中,其中位置的值越高,表示地点越适合。

接下来使用条件函数工具提取最佳位置,点击 Con 工具(位于 Conditional 工具集中)并将其拖动至模型构建器中。打开 Con 工具,将 Input conditional raster 设为 Weight_Recl1,Expression 设为 Value = 10,如图12.22所示。

右击 Con_Weighte_1,然后点击 Add To Display,运行模型,模型如图12.23所示。结果如图12.24所示。

下面使用众数滤波工具提炼最佳区域。点击 Majority Filter 工具(位于 Spatial Analyst Tools 工具箱的 Generalization 工具集中),并将其添加到模型构建器中。打开众数滤波工具进行如图12.25所示的参数设置。

实验十二 空间分析

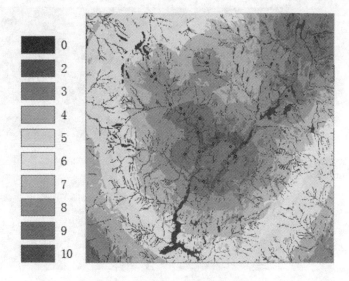

图 12.21 模型运行结果可视化

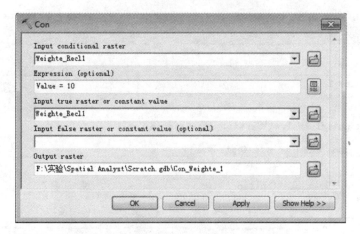

图 12.22 利用条件函数工具提取最佳位置

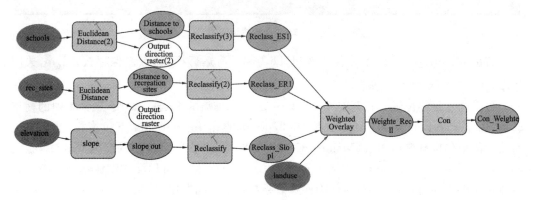

图 12.23 加入条件提取的模型

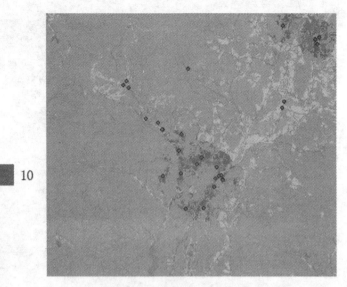

图 12.24 条件提取可视化

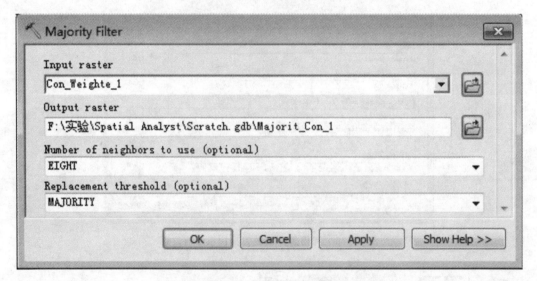

图 12.25 众数滤波工具

右击 Majorit_Con_1,然后点击 Add To Display,运行模型,点击保存按钮 ![save],关闭模型,在 ArcMap 中查看结果,如图 12.26 所示。

最后确定最终位置。打开 Conversion Tools 工具箱的 From Raster 工具集中的栅格转面(Raster to Polygon)工具。如图 12.27 所示,点击 Input raster 下拉箭头,然后点击过滤后的最佳区域栅格图层(Majorit_Con_1),将字段参数的默认值保留为 Value。接受输出面要素参数的默认路径,将名称更改为 opt_area。保留简化面的默认选中状态。在将栅格转换为面时,简化面以弱化阶梯式效果显示。点击"OK"按钮。

(1)按位置选择图形。

打开 Data Management 工具箱的 Layers and Table Views 工具集中的 Select Layer

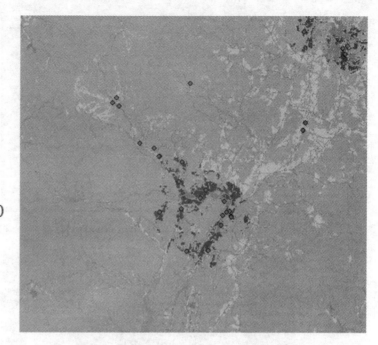

图 12.26　众数滤波结果

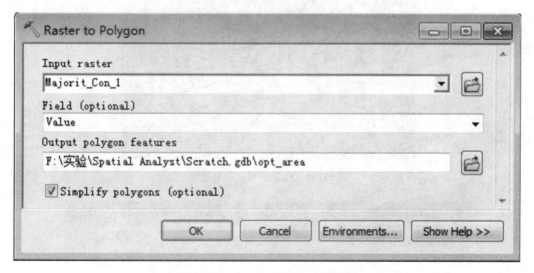

图 12.27　Raster to Polygon 对话框

By Location 工具,参数设置如图 12.28 所示。

点击"OK"按钮,结果如图 12.29 所示。

(2)按属性选择图层。

打开 Data Management 工具箱的 Layers and Table Views 工具集中的 Select Layer By Attribute 工具,参数设置如图 12.30 所示。

打开 Data Management 工具箱的 Features 工具集中的 Copy Features 工具,参数设置如图 12.31 所示。

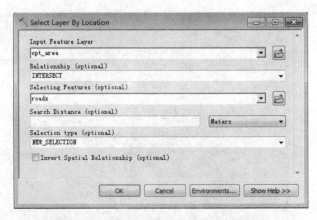

图 12.28 Select Layer By Location 对话框

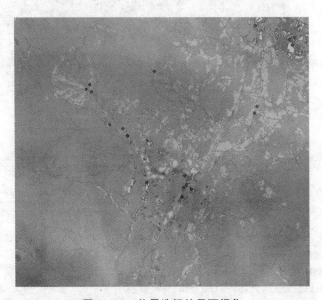

图 12.29 位置选择结果可视化

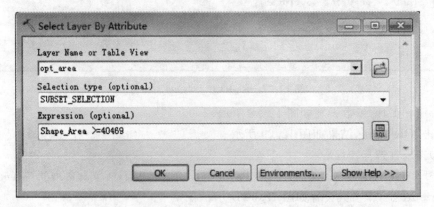

图 12.30 Select Layer By Attribute 对话框

实验十二 空间分析

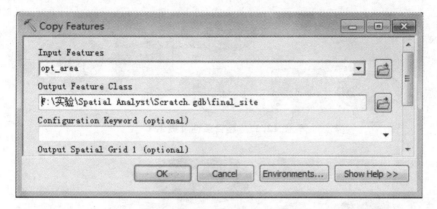

图 12.31 Copy Features 对话框

点击"OK"按钮，final_site 图层显示了新学校最佳地点的位置，如图 12.32 所示。

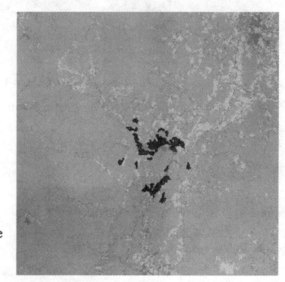

图 12.32 新学校最佳地点的位置

在标准工具条上点击保存按钮。

练习 1：请在 Site Analysis Tools 工具箱中创建一个新模型，即 Find Best Route。该模型将计算从源地点（学校校址）到目标点的最佳路径，其中要考虑这条路径将穿过的土地的坡度大小和土地利用类型。在上面的学习中创建了源数据集（final_site）和坡度数据集（Slope Output）。请根据图 12.33、图 12.34 的提示和条件完成练习。

如图 12.33 所示，对 Slope Output 图层进行重分类，将值划分成相等间隔。成本最高的坡度（坡度角最大）的指定值为 10，成本最低的坡度（坡度角最小）的指定值为 1，并线性排列中间值。

合并 Reclassed Slope 和 landuse 数据集，从而生成一个数据集，用于呈现根据坡的陡峭程度和土地利用类型修建通过地表上每个位置的道路的成本。在此模型中，每个数据集的权重相等。在加权叠加工具的起始、终止和增量文本框中分别输入 1、10 和 1。

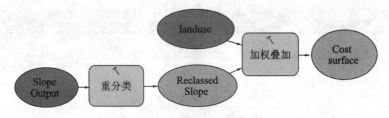

图 12.33 题目条件及提示 1

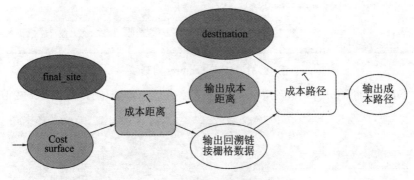

图 12.34 题目条件及提示 2

landuse 的 Scale value 如下：Brush/transitional-5、Water-10、Barren land-2、Built up-9、Agriculture-4、Forest-8、Wetlands-10。

四、实验报告要求

(1)完成实验报告，包括实验原理、过程和结果。

(2)回答实验中提出的问题。

(3)在掌握了本实验内容的基础上，根据要求，独立完成练习 1，并完成设计性实验报告。